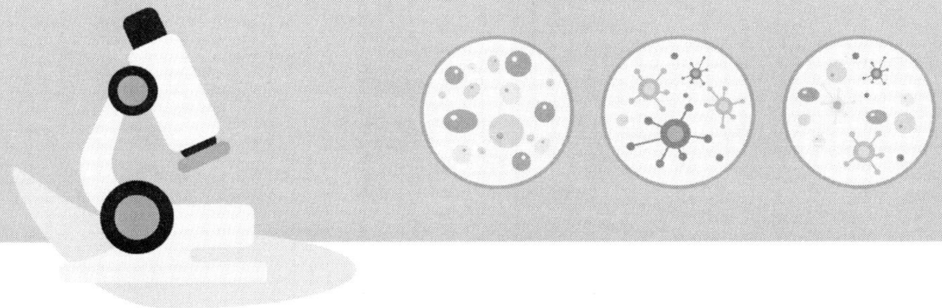

실험실 안전 길잡이

Laboratory Safety Guide for Research Workers

이근원 · 정승호 공저

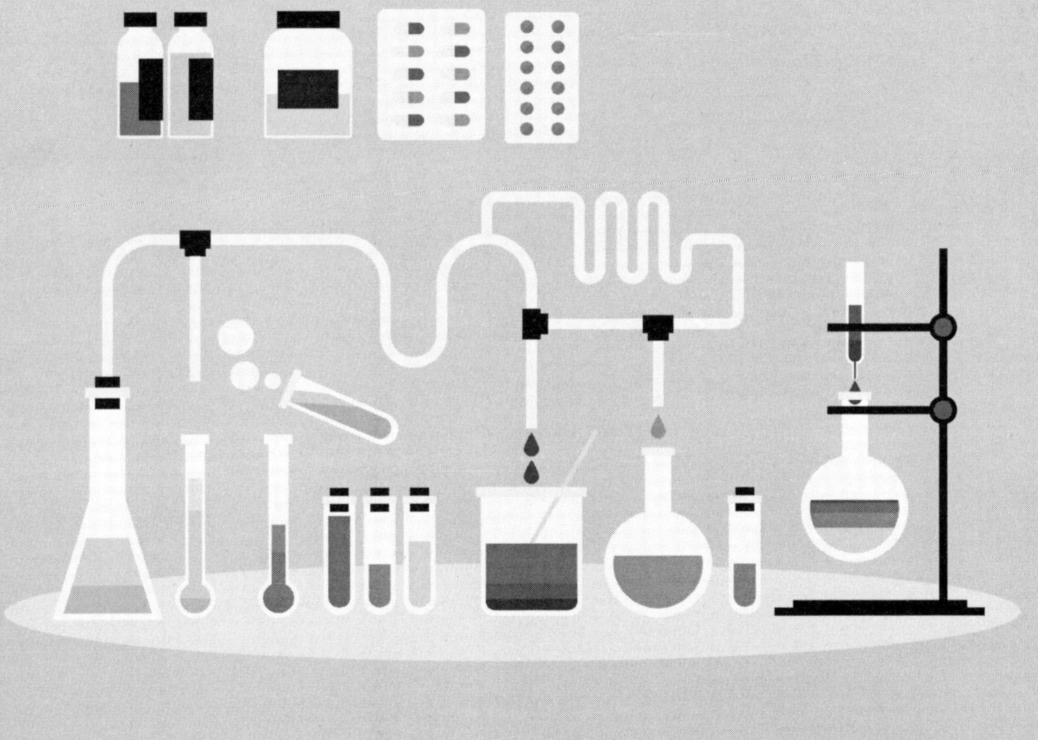

지우북스

머리말

과학기술과 첨단 산업의 발달에 따라 인류의 복지를 위해 오늘도 끊임없이 연구실에서 연구개발 활동을 하고 있다. 연구개발 활동에 수반되는 실험·실습 업무는 안전이 확보되어야 한다. 실험실에서 많은 시간을 보내는 연구원이나 연구활동 종사자의 안전을 지키는 것은 우리의 미래를 지키는 것이다. 실험실 안전은 실험활동 중 인명 및 재산 피해를 줄이는 과학이다. 그러나, 실험실에서 안전하게 연구 활동을 할 수 있고, 쉽게 접근할 수 있는 가이드나 학습서가 없어 아쉬움이 있었다.

본 길잡이는 필자가 평소에 실험실 안전에 관한 연구와 교육활동을 통해 틈틈이 모아두었던 자료를 바탕으로 실험실 안전교육이나 연구실안전환경관리자(관리사)의 양성 교육을 위한 교재로 활용할 수 있도록 편찬하게 되었다.

이 책은 연구실에서 일어나기 쉬운 실험실 사고 예방을 위한 안전 입문서로 총 12개의 단원으로 구성되어 있다. 제1장과 제2장은 실험실의 특성과 유해 위험요인과 안전관리 조직 및 일반안전관리에 대해서, 제3장은 기계설비의 위험성과 방호 등 기계 분야 안전을 다루었고, 제4장은 전기의 위험성과 전기화재 등 안전대책을 기술하였다. 제5장은 유해화학물질의 화재, 폭발 및 중독 위험성과 안전 취급 방법을 다루었고, 제6장은 바이오 안전과 생물안전 분야를 기술하였다. 제7장은 연소와 화재, 소화기 및 화재행동 요령을, 제8장은 가스의 유해성, 안전설비 및 가스시설의 유지관리 등 가스안전 분야에 대해서 깊이 있게 다루었다. 제9장에는 물질안전보건자료 및 개인보호구 등 보건위생 분야와 제10장은 화학적 및 생물학적 폐기물의 취급과 관리에 대해서 다루었다. 제11장에는 전자파와 방사선 취급 안전에 대해서 간단히 기술하였으며, 제12장은 실험실에서 발생할 수 있는 사고 유형과 대처요령 및 응급상황별 조치사항 등을 다루었다.

우리나라의 과학기술 수준이 선진국에 이르고 있지만 실험실 안전에 관한 가이드 라인이나 지침서는 부족한 실정이다. 실험실 사고의 위험에서 위험을 최소화하고 안전한 연구활동을 위해 필자는 실험실의 안전한 환경을 확보하는 데 이 실험실안전 길잡이가 대학(원)생이나 연구 현장의 연구활동 종사자에게 실험실 사고 예방에 대한 지식의 함양에 조금이나마 도움이 되기를 기대한다.

끝으로, 이 책을 출판하기까지 원고작성에 협조해 주신 안전보건공단의 안전보건관계 전문가와 대덕연구단지안전협의회의 연구실안전환경관리자 여러분께 감사드린다. 그리고 원고 편집과 출판에 수고하여 주신 지우북스 서철종 대표님과 관계자 여러분, 아주대 환경연구소 윤정희 선생님께 감사드린다.

2024년 1월

혜강관 연구실에서 저자 일동

목차

CHAPTER 01 실험실 안전관리의 개요

CHAPTER 02 연구실의 일반 안전관리

CHAPTER 03 기계안전 분야

CHAPTER 04 전기안전 분야

CHAPTER 05 화학안전 분야

CHAPTER 06 생물안전 분야

CHAPTER 07 화재안전 분야

CHAPTER 08 가스안전 분야

CHAPTER 09 보건위생 분야

CHAPTER 10 폐기물안전 분야

CHAPTER 11 방사선안전 분야

CHAPTER 12 사고대응 분야

부록

CHAPTER

01

실험실 안전관리의 개요

학습내용

1. 실험실 안전의 특성
2. 실험실의 유해 위험요인
3. 실험실의 현 상황과 안전실태
4. 실험실 안전의 책임과 역할
5. 실험실 안전관리 조직

1 실험실 안전의 특성

실험실에서 발생한 사고 원인을 분석해 보면, 실험실 기능의 불비, 설비 및 유지관리의 불충분, 실험공간의 협소, 실험작업 안전에 대한 배려부족, 안전 전문가의 부족과 교육훈련 체제의 미흡 등을 지적할 수 있으며, 이와 같은 빈번한 사고 발생은 우수한 연구활동 종사자의 연구 의욕을 떨어뜨리고, 건강과 생명에 위협을 느끼게 하고 있다. 과학기술 연구활동 종사자들은 외부에서 생각하고 있는 것보다 훨씬 많은 위험요소(hazard)에 노출되어 있다.

산업현장은 실제 많은 산업재해가 발생하고는 있지만, 실험실에서 이미 어느 정도 안전이 검증된 재료, 기계, 공정을 사용하고 있어 위험에 대한 예측이 가능하고 관리가 가능하다. 반면에 실험실에서는 새로운 재료, 기계, 공정을 개발하는 과정이므로 그 위험을 예측하기 힘들다. 따라서 실험실은 결코 안전한 장소라고 할 수 없다. 연구활동 종사자의 연구 활동 특성에서도 위험 요소를 찾아볼 수 있다. 연구업무는 생산 현장의 업무에 비해 더 큰 집중력을 요구하는 경우가 많다. 따라서, 집중적인 연구업무로 인해 스트레스와 피로가 쌓이기 쉽고 이는 잘못하면 순간적 실수로 인해 사고를 유발할 수도 있다.

실험이 안전하게 이루어지기 위해서는 실험에 임하는 자신의 안전부터 시작하지 않으면 안 될 것이다. 안전의 책임은 바로 실험하는 자신에 있기 때문이다. 실험실 종사자(실험자)의 행동이 안전하지 않으면 올바른 실험의 성과를 얻기가 어렵게 되고 효율성이 떨어지기 때문이다. 따라서 충분한 안전 지식과 경험을 갖고 실험을 행하여야 한다.

인간은 누구나 불안전한 요소를 갖고 있다. 그러한 불안전한 요소들이 어떠한 때 어떠한 동기로 유발될 것이나가 하는 것은 아무도 장담할 수 없다. 항상 안전한 실험을 하도록 노력하고, 잘못된 것을 미리 고쳐 나간다면 안전한 행동의 경험은 긍정적으로 안전한 습관으로 정착될 것이다.

인간의 행동은 몸의 상태(condition)에 좌우된다. 상태에 따라서 작은 사고로 끝날 것도 중대 재해로 발생 되는 경우를 우리는 많이 경험했다. 따라서 실험전에 실험자의 심신의 상태가 좋게 유지되도록 해야 한다. 평소에 안전을 생활화 할 수 있도록 실험실안전 사항이 몸에 밴 상태에서 실험을 하도록 해야 한다. 그러기 위해서는 연구책임자가 솔선수범하는 분위기 조성이 먼저 이루어져야 하고, 사전에 실험에 따른 위험성에 대한 충분한 안전 정보를 실험실 종사자에게 제공하여 적극적인 참여를 유도해야 할 것이다.

2 실험실의 유해·위험 요인

사람은 누구나 건강하게 살기를 원한다. 모두가 바라는 좋은 건강 상태를 결정하는 중요한 원인 중의 하나로 자신이 수행하는 일, 즉 작업이 있다. 따라서 실험실에서 종사하거나 연구를 수행하는 사람들이 자신의 업무로 인하여 건강상태가 영향을 받는 상황을 소개함으로써 실험실에서 일을 하면서 자신들의 건강을 지키기 위해 필요한 기본적 상황인식을 도모하도록 하며, 더 나아가서는 향후 대학이나 연구소에서 실험실을 운영하거나 관리하는 위치에 서는 경우 관리자로서 알아야 할 실험실 종사자들의 건강 도모에 필요한 접근 전략을 소개하고자 한다.

현재 사용되고 있는 직업병의 정의는 직업을 통하여 내지는 직무를 수행하면서 접하게 된 요인이 원인이 되어 기존의 건강상태가 변화하면서 새로이 발생하거나 혹은 악화되는 질병을 가리키고 있다. 이러한 원인으로 작용하는 요인들은 사회적으로 인정되는 객관적 방식엔 근거하여 평가 혹은 측정될 수 있는 것들로서, 과학의 발달에 따라 점차 많은 요인이 직업을 통하여 혹은 직무를 수행하면서 노출될 수 있는 것으로 밝혀져 왔다. 여기서 직업을 통하여 혹은 직무를 수행하면서 노출된다는 의미는 같은 기간 동안 다른 직업을 가졌거나 혹은 다른 직무를 수행하였다면 상대적으로 더 적은 확률 혹은 빈도로 요인에 접하거나 노출된다는 것을 말한다.

지금까지 직업병으로 작용하는 원인으로는 다음 분류와 같은 요인들이 밝혀져 있다. 가장 널리 알려진 것들로는 독성물질이나 특정 화학물질과 같은 화학적 요인, 소음이나 전자파와 같이 에너지로 표현되는 물리적 요인, 그리고 감염성 세균이나 숙주들을 포함한 생물학적 요인들을 들 수 있다. 그 이외에도 최근에 들어와 문제가 되고 있는 특정 자세나 동작으로 평가되는 인간공학적 요인, 그리고 특정 사회적 관계나 업무 내용에 따른 감정부담이 요구되는 사회 심리적 요인들도 직업병의 원인으로 작용을 한다.

표 1.1 직업병의 제원인

요인 분류	주요 요인	직업군
화학적 요인	유기용제, 중금속, 특정 화학물	화학제품제조업 종사자
물리적 요인	소음, 진동, 전자파	금속가공제조업 종사자
생물학적 요인	간염바이러스, 에이즈, 파상풍	병원 종사자
인체공학적 요인	자세, 하중, 근무시간	컴퓨터 산업 종사자
사회 심리적 요인	과로, 스트레스	서비스업 종사자

표 1.2 유해요인의 종류

요인 분류	주요 요인	상태
화학적 요인	물질 형태(고체, 액체, 기체)로 인체에 침입하여 건강장해를 일으키는 요인	기체(가스, 증기) 액체(미스트, 포그) 고체(먼지, 흄)
물리적 요인	에너지 형태로 인체에 전달되어 건강재해를 일으키는 요인	소음, 진동, 광선, 기압, 온열
생물학적 요인	생물체 형태로 인체에 건강장해를 일으키는 요인	바이러스, 세균, 곰팡이, 독소 등
인간공학적 요인(작업요인)	작업 자세, 작업량, 공구나 기구, 중량물 취급 등의 요인에 의한 건강장해 요인	과다한 작업, 단순 반복, 부자연스러운 자세, 중량물
사회 심리적 요인	작업과 관련된 정신적 부담에 의하여 발생하는 요인	작업 관련성 스트레스

표 1.3 화학적 오염물질의 분류

분포상 \ 연속상		기체(공기 중)	액체(수중)	고체(토양 중)
화학적 요인	기체	가스(gas) 증기(vapor)	거품(bubble) 용존 가스	가스(gas) Xerogel
	액체	미스트(mist) 포그(fog)	유화액 완전혼합	침출수
	고체	먼지(dust) 흄(fume)	부유물(S.S.)	고체폐기물

표 1.4 화학적 오염물질의 분류

분포상 \ 연속상		기체(공기 중)
화학적 요인	기체	• 가스(gas) : 상온, 상압에서 기체 상태인 오염물질 • 증기(vapor) : 액체가 기화된 상태인 오염물질
	액체	• 미스트(mist) : 물리적으로 생성된 액체 미립자 • 포그(fog) : 기화된 후 응축되어 생성된 액체 미립자
	고체	• 먼지(dust) : 물리적으로 생성된 고형의 미립자 • 흄(fume) : 기화된 후 응결되어 생성된 고형미립자

3 실험실의 현황과 안전 실태

가. 실험실 등의 안전의식

실험실 책임자 및 실험실 작업자들의 안전의식이 산업현장과 비교하여 상대적으로 낮은 실정이고 많은 실험물질이 아직 미지의 물질이기 때문에 위험성의 예측이 상당히 어려운 실정이다. 또한, 제한된 공간 내에서 단독작업이 많아, 비상시 실작업자의 안전 확보가 어렵다. 실험장치는 자체조립, 제작하거나 구입한 실험장치의 사전 안전성 평가 없이 사용하는 경우가 많고 실험실의 다양화에 따른 방사선, 레이저, 고온 및 고압장치, 고속회전기기 등 특수 실험장치는 조작순서가 복잡하여 경험이 적은 실험자가 조작하고 있어 잠재 위험이 크다.

나. 일반사항

① 실험실 종사자들의 안전교육의 중요성을 인식하지 못하고 있다.
② 실험실 내 음식물을 방치하거나 흡연하는 경우가 있다.
③ 비상샤워(세안설비) 시설이 미비하거나 물품방치로 비상시 사용이 어렵다.
④ 안전표지판(경고 및 금지표시 등)이 적절하게 게시되어 있지 않다.
⑤ 고압가스 용기를 실험실 내 혼재하여 사용 보관함으로써 화재폭발 위험이 잠재하고 있다.
⑥ 실험실 출입문의 안전 통로의 미확보가 많다.
⑦ 개인보호구 사용 및 보관상태가 미흡하다.
⑧ 사고기록 관리가 되지 않고 있다.

다. 화학물질 취급 및 폐액 처리

① 화학약품의 라벨 미부착으로 폐기 시 적정처리가 어렵다.
② 실험대 위의 시약 보관 선반의 가드가 미설치 되어, 취급 시에 떨어질 위험이 있다.
③ 약품장 내에 약품이 혼재되어 있거나, 독성물질 등을 후드 내에 보관하는 등 약품관리가 미흡하다.
④ 보관 수칙 미부착으로 약품의 혼재가 우려가 있다.

⑤ 폐액 일지 관리가 미흡하다.

⑥ 운반 차량에 대한 안전관리가 미흡하다.

라. 가스 및 소화설비

① 가스 보관 시 체인이 설치되어 있지 않거나, 가스 레귤레이터가 없는 경우가 있다.

② 가연성가스 혹은 산소 등을 같은 장소에 보관하거나, 배전반 등 전기스파크 발생 우려가 있는 곳에 보관하고 있다.

③ 독성가스와 일반 고압가스를 혼재하여 보관하거나, 비상시 독성가스 관리가 미흡하다.

④ 후드 내 인화성 물질이 상존하는 곳에 전기 콘센트 등을 사용하여 화재의 우려가 있다.

⑤ 정기적 검사가 잘 이루어지지 않고 있다.

4 실험실 안전의 책임과 역할

가. 최고경영자(연구 주체의 장)

대학의 총장이나 연구소의 소장 혹은 원장 등 연구주체의장, 즉 최고경영자는 확고한 안전 방침을 정해야 한다. 이를 통하여 조직에 속한 모든 사람이 실험실 안전 운영에 대한 의사를 결정하고, 실험실에서 지켜야 할 안전기준을 스스로 준수하고, 실험실 내에서 작업을 안전하게 유지하도록 할 책임을 공유한다는 사실을 충분히 인지하도록 해야 한다.

연구 주체의 장은 실험실 종사자들에게 안전하게 연구를 수행하는 데 필요한 모든 것을 제공하여야 한다. 이를 달성하기 위해서 연구 주체의 장은 실험실 안전 프로그램을 수립하고 실시하도록 할 책임이 있다. 연구 주체의 경쟁력은 경영자의 안전의식에 달려있다. 연구 주체의 장이 얼마만큼 안전에 의지를 가지고 안전성을 확보하고 솔선수범하였는가에 따라 그 결과는 가시적 효과와 잠재적 효과로 나타나게 된다.

나. 실험실 책임자

실험실 책임자는 연구를 시작하는 연구활동 종사자들을 대상으로 연구 과정을 안전하게 지도하는 마음가짐을 갖고 있어야 한다. 대학교에서의 연구는 실험·실습을 처음 대하는 학부 학생 중심의 교육용과 석·박사 과정과 같이 전문적 실험 실험으로 구분하여 진행된다. 따라서 실험을 행할 때는 그 목적에 따라 적절한 안전대책이 강구되어야 한다. 실험실 책임자는 위험한 장치나 물질을 되도록 사용하지 않도록 연구활동 종사자에게 필요한 기본적인 정보를 충분히 학습시키고, 점차 고도의 정보로 지도해야 한다.

다. 연구활동 종사자

연구 주체의 장이 적절한 안전장치와 안전교육을 제공한다 해도 안전에 대한 대부분의 책임은 연구활동 종사자 본인에게 달려있다. 모든 안전법규, 정책, 절차, 계획, 프로그램, 교육, 제어, 휴대용 지침서, 안전장비, 감독(monitoring) 등 모든 수단도 불안전하게 행동하는 연구활동 종사자나 실험실 잠재 위험에 대한 사전조치를 준수하는 것을 잊거나 준수하지 않는 연구활동 종사자를 보호할 수 없을 것이다.

실험실에 대한 모든 안전정책과 규정을 읽고, 이해하고, 준수하는 것은 연구활동 종사자들이다. 실험실은 새로운 업무가 시작되는 곳이다. 따라서 실험실에서 예상되는 위험의 종류나 정도를 예측하여 충분한 대책을 세워서 안전하게 연구를 진행하는 것이 연구활동 종사자의 의무이다.

라. 연구소 안전관리 담당자

안전관리 담당자는 연구 주체의 장, 실험실 책임자, 연구활동 종사자 등을 지원하는 업무를 수행한다. 업무는 크게 3가지로 나눌 수 있다.

① 실험실 안전을 위한 계획 수립과 집행과정의 관리
② 실험실의 안전한 상태 확인
③ 실험실 안전 관련 기술정보 제공

5 실험실 안전관리 조직

집단의 목표 달성을 위하여 각자가 부여받은 임무를 수행할 조직이 필요하다. 안전관리에서 가장 기본적인 활동은 안전 기구의 조직이다. 안전 조직이 편성되면 조직 구성원들에게 안전관리 직무를 분장하고 책임을 부여하며, 그것을 안전관리 규정으로 정하여야 한다.

또한 안전조직을 구성할 때는 다음 사항을 고려하여야 한다.

① 조직 구성원의 책임과 권한을 명확하게 할 것
② 연구조직과 밀착된 조직이 되도록 할 것
③ 학교(연구소)의 특성과 규모에 부합되게 조직되어야 한다.
④ 조직의 기능이 충분히 발휘될 수 있는 제도적 체계가 갖추어져야 한다.

가. 안전관리 조직의 유형

실험실 안전관리를 효율적으로 추진하기 위해서는 반드시 체계적인 조직을 구축하여야 한다. 그리고 조직에는 몇 가지의 유형이 있는데 그중 어떤 조직을 편성해야 적절한 것인가는 그 사업장의 종류나 특성 및 규모와 안전 수준의 정도에 따라 다르게 편성해야 한다. 실험실 안전보건관리 조직에는 Line형, Staff형, Line-Staff 혼형의 3가지 유형으로 분류할 수 있으며, 이에 대해 간략히 소개하면 다음과 같다.

(1) Line형(직계식 또는 계선식) 조직

이 조직은 〈그림 1.1〉에서 보는 바와 같이 안전보건관리의 계획에서부터 실시에 이르기까지 모든 안전보건관리 업무를 조직의 Line을 통하여 이루어지도록 편성된 조직이다. Line에 있어서는 안전보건 업무가 조직 Line의 선을 통하여 시행되기 때문에 그 실천이 빠르고 그 지시나 명령이 정확 신속하게 이루어질 뿐 아니라 연구활동 종사자로 하여금 안전보건은 곧 연구활동의 한 부분이라 하는 적절한 태도가 형성되게끔 할 수 있는 이점이 있는 반면에 안전보건에 관한 전문지식이나 기술의 결여라고 하는 단점이 있다. 따라서, 이 Line형은 전문기술을 그렇게 필요로 하지 않은 100인 미만의 소규모 조직에 적용하면 유효할 것이며, 조직의 규모가 커지면 Line의 안전보건 업무를 전문적으로 맡아서 도울 수 있는 안전 및 보건관리 참모가 필요하게 된다. Line형 조직의 특성을 요약하면 아래와 같다.

① 안전에 관한 명령, 지시나 개선조치가 각 부문의 직제를 통하여 생산업무와 함께 시행되므로, 지시나 조치가 철저할 뿐만 아니라 그 실시도 빠르다.
② 명령과 보고가 상하(上下) 관계뿐이므로 간단명료하다.
③ 조직 Line의 각급 관리. 감독자는 일산의 생산관계 업무에 쫓겨 안전에 대한 전문지식이나 정보를 몸에 익힐 수가 없다는 것이 결점이다.

본 Line형 조직은 〈그림 1.2〉 'Line형 사례'와 같이 실험실별 소규모 조직으로 적합하다.

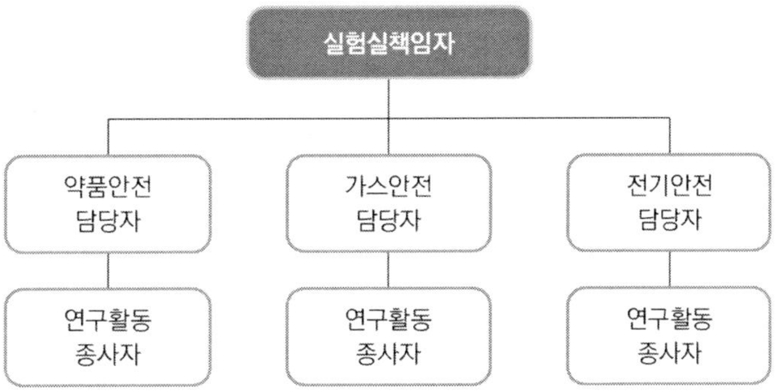

그림 1.1 Line형의 골격

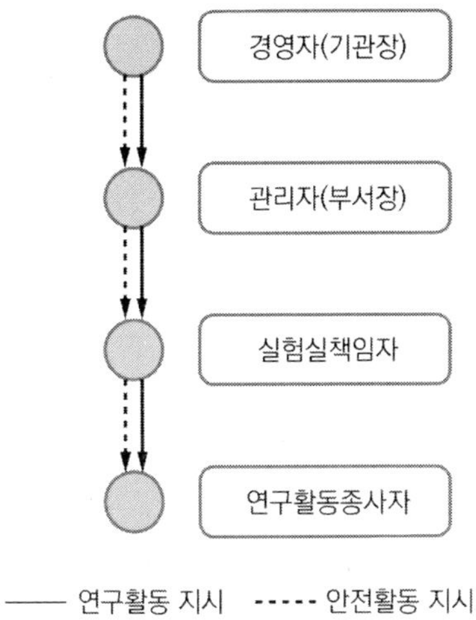

그림 1.2 Line형 사례

(2) Staff형(참모식) 조직

Line 조직에서 실시하는 안전관리를 조성하기 위해, 안전업무를 관장하는 특별한 스태프 부문을 두고, 안전에 관한 계획, 조사, 검토, 권고, 보고 등을 행하는 관리 방식으로 Staff형이라 한다(〈그림 1.3〉 참조). Staff 부문은 그 성격상 어디까지나 계획안의 작성, 조사, 점검 결과에 의한 조언, 보고에 머물고, 자기 스스로 연구라인의 안전업무를 행할 수는 없다.

이 형의 관리 방식은 Staff 부문이 안전에 대한 전문가가 되어, 최신의 안전대책을 활용하는 장점이 있으나, 연구소나 학교의 장이 각급의 관리자에게 안전에 대한 이해가 없으면 안전대책이 현장 부문에 침투되지 않을 염려가 있다. 조직의 규모가 커지고, 실험실 조직의 계열이 복잡해질수록 이런 경향은 증대된다. 여기서, 현장 부문에 대책을 침투시키기 위해 라인조직에 스태프가 부설된 조직, 이른바 Line-Staff 혼합형 조직이 요구된다.

Staff형의 특성에 관하여 요약하면 다음과 같다.

① 전문 staff의 지도에 의해서 고도의 안전 활동이 진행되게 되므로 라인에서의 관리자가 안전에 관하여 미숙하더라도 이들을 육성하면서 안전을 추진시킬 수 있고, 점차 안전에 관한 업무가 표준화되어 직장에 정착하게 된다.
② 연구활동 종사자의 입장에서 보면, 연구 및 안전에 관한 명령이 각각 별개의 두 계층에서 나온다는 결함이 생겨 질서유지에 혼란을 가져올 우려가 있고 통제 수단이 복잡하다.
③ 각 분야의 직능에 대하여 이 조직에 기인하는 조직을 합리적으로 확립하고 운영하는 데에는 곤란이 많다.

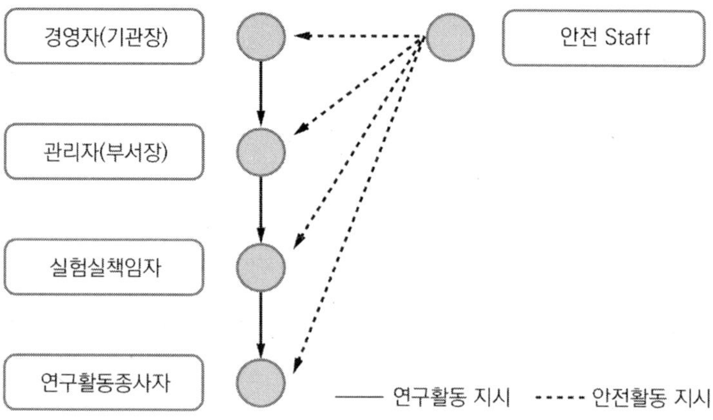

그림 1.3 Staff형의 골격

(3) Line-Staff 혼합형(직계·참모식) 조직

Line-Staff 혼합형은 라인형과 스탭의 장점을 잘 절충하여 조정한 유형으로서 안전보건 업무를 전문적으로 담당하는 Staff을 두는 한편 연구 Line의 각층에도 그 부서의 장으로 하여금 안전보건을 담당케 함으로써 안전보건 대책이 Staff에서 수립되면 곧 라인을 통하여 실천에 옮겨지도록 편성된 조직이다. Line-Staff 혼합형에 있어서는 라인과 Staff가 협조를 이루어 나갈 수 있으며 Line에게는 연구과 안전보건에 관한 책임과 권한이 동시에 지워지게 되므로 안전보건 업무와 연구업무가 균형을 유지할 수 있어 이상적인 조직이라 할 수 있다(〈그림 1.4〉와 〈그림 1.5〉를 참조).

연구활동 종사자 1,000명 이상의 대규모 학교(연구소)에 유효하다. 이 관리 방식은 라인 조직에 안전관리 기능을 부여하고, 라인 밖의 안전업무를 전문으로 관장하는 스태프 부문을 두는 조직 형태가 있고, 여기에 더 나아가 라인조직에도 스태프를 부설하는 방식도 있다. 라인조직에 부설된 스태프는 부문 스태프라 한다. 부문 스태프는 라인의 명령계통에 편입되고, 부문 스태프가 배치된 직속상관인 관리자의 지휘명령에 따르도록 되어 있다.

Line-Staff 혼합형의 특징을 정리하면 다음과 같다.

① 안전 Staff는 안전보건 관리책임자 밑에 설치되어 전문적으로 보좌한다.
② 안전 Staff는 안전에 관한 기획, 조사, 검토 및 연구를 행한다.
③ Line의 관리 감독자에게 안전에 관한 책임과 권한이 부여되나 전문사항에 대해서는 안전스태프의 지식이나 기술 등을 활용하면서 Line은 생산활동에 그 힘을 집결시킬수 있다.
④ 안전 Staff의 힘이 강해지면 그 권한을 넘어서 Line에게 간섭하게 되므로 Line의 권한이 약해져 그 Line은 유명무실해진다.
⑤ 안전 활동이 연구와 유리될 우려가 없기 때문에 운용이 적절하면 이상적 조직이라 할 수 있다.

업무분장에 의해 분배된 안전관리 업무가 원활하게 실행되기 위해서는 그 업무에 따른 지휘명령 계통과 더불어 책임과 권한의 명확화가 필요하다. 따라서 업무분장을 정하는 경우는 그러한 관점에서 충분한 배려를 하는 것이 중요하다.

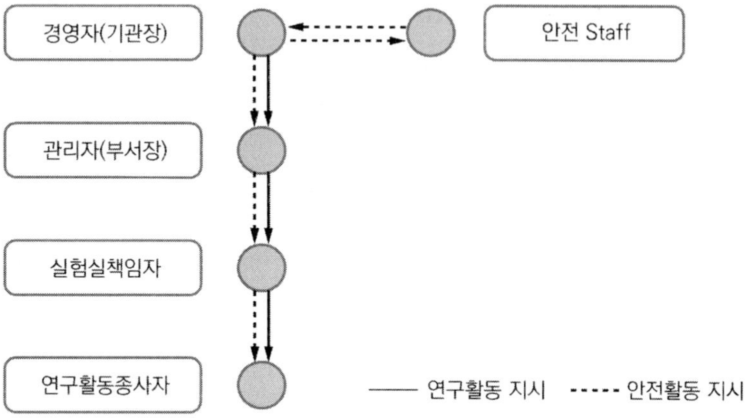

그림 1.4 Line.Staff형 골격

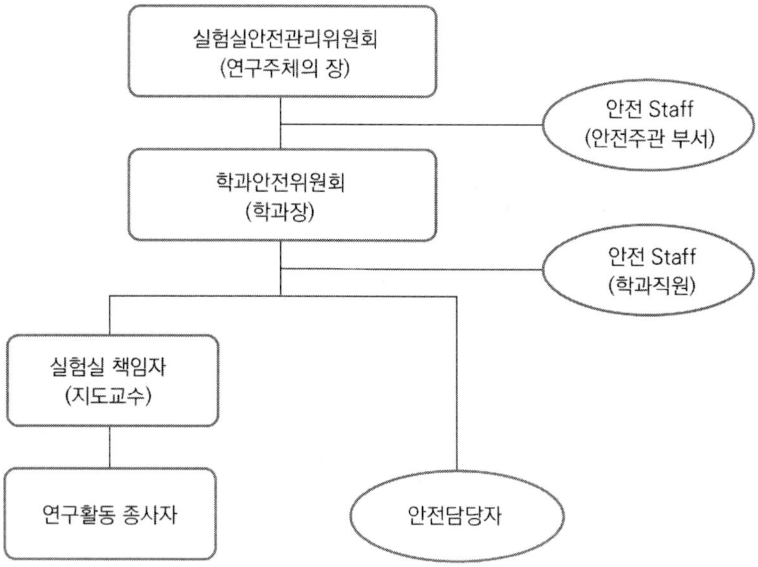

그림 1.5 Line.Staff 사례

CHAPTER

02

연구실의 일반 안전관리

학습내용

1. 연구실 안전의 용어
2. 연구실의 일반 안전보건 수칙
3. 연구실의 일상점검
4. 연구실의 사전 유해인자 위험분석
5. 연구실의 안전교육
6. 연구실의 실험기구 및 안전설비의 취급안전
7. 연구실 사고 발생 시 비상 대응 조치

1 연구실 안전의 주요 용어

연구실 안전환경 조성을 위한 활동 시에 사용되는 주요 용어는 다음과 같다.

표 2.1 연구실 안전 주요 용어 및 정의

용어	정의
연구실	• 대학·연구기관 등이 연구활동을 위하여 시설·장비·연구재료 등을 갖추어 설치한 실험실·실습실·실험준비실
연구 활동	• 과학기술 분야의 지식을 축적하거나 새로운 적용 방법을 찾아내기 위하여 축적된 지식을 활용하는 체계적이고 창조적인 활동(실험·실습 등을 포함한다)
연구주체의 장	• 대학·연구기관 등의 대표자 또는 해당 연구실의 소유자
연구실안전환경관리자	• 각 대학·연구기관 등에서 연구실 안전과 관련한 기술적인 사항에 대하여 연구주체의 장을 보좌하고 연구실책임자 등 연구활동 종사자에게 조언·지도하는 업무를 수행하는 사람
연구실책임자	• 연구실 소속 연구활동 종사자를 직접 지도·관리·감독하는 연구활동 종사자
연구실안전관리담당자	• 각 연구실에서 안전관리 및 연구실사고 예방 업무를 수행하는 연구활동 종사자
연구활동 종사자	• 연구활동에 종사하는 사람으로서 각 대학·연구기관 등에 소속된 연구원·대학생·대학원생 및 연구보조원 등
연구실 안전관리사	• 연구실 안전관리사 자격시험에 합격하여 자격증을 발급받은 사람
안전점검	• 연구실 안전관리에 관한 경험과 기술을 갖춘 자가 육안 또는 점검기구 등을 활용하여 연구실에 내재된 유해인자를 조사하는 행위
정밀안전진단	• 연구실 사고를 예방하기 위하여 잠재적 위험성의 발견과 그 개선 대책의 수립을 목적으로 실시하는 조사·평가
연구실 사고	• 연구실에서 연구활동과 관련하여 연구활동종사자가 부상·질병·신체장해·사망 등 생명 및 신체상의 손해를 입거나 연구실의 시설·장비 등이 훼손되는 사고
중대 연구실사고	• 연구실 사고 중 손해 또는 훼손의 정도가 심한 사고로써 사망사고 등 과학기술정보통신부령으로 정하는 사고
유해인자	• 화학적·물리적·생물학적 위험요인 등 연구실 사고를 발생시키거나 연구활동 종사자의 건강을 저해할 가능성이 있는 인자

2 연구실의 일반 안전보건 수칙

가. 연구실 일반 안전보건관리 수칙

① 연구실에서 안전사고 및 화재·폭발을 예방하기 위하여 연구실별로 특성에 맞는 안전보건관리 규정을 작성하고, 이를 이행하여야 한다. 또한, 안전보건관리규정을 각 연구실에 게시 또는 비치하고, 이를 연구활동 종사자에게 알려야 한다.

② 실험대, 실험부스, 안전통로 등은 항상 청결하게 유지하여야 한다.

③ 연구실의 전반적인 구조를 숙지하고 있어야 하며, 특히 출입구는 항상 피난이 가능한 상태로 유지하여야 한다.

④ 사고 시 연락 및 대피를 위해 출입구 벽면 등 눈에 잘 띄는 곳에 비상연락망 및 피난안내도를 부착하여야 한다.

⑤ 소화기는 눈에 잘 띄는 위치에 비치하고, 실험종사자가 소화기 사용법을 숙지하도록 교육하여야 한다.

⑥ 실험에 필요한 시약만 실험대에 놓아두고, 또한 연구실 내에 일일 사용에 필요한 최소량만 보관하여야 한다.

⑦ 시약병은 깨끗하게 유지하고, 라벨(Label)에는 물질명, 위험·경고·주의표지, 뚜껑을 개봉한 날짜를 기록해 두어야 한다.

⑧ 실험 시의 폐액이나 누출된 유해 물질은 싱크대나 일반 쓰레기통에 버리지 말고 폐액수거 용기에 안전하게 버려야 한다.

⑨ 연구실의 안전점검표를 작성하여 정기적으로 연구실 내 실험장치, 시약보관 상태, 소방설비 등을 점검하여야 한다. 안전점검의 종류 및 실시 시기는 아래와 같이 실시할 수 있다.

- 일상점검 : 연구실에서 사용되는 기계·기구·전기·약품·병원체 등의 보관상태 및 보호장비의 관리실태 등을 맨눈으로 실시하는 점검으로써 실험을 시작하기 전에 매일 1회 실시
- 정기점검 : 연구실에서 사용되는 기계·기구·전기·약품·병원체 등의 보관상태 및 보호장비의 관리실태 등을 안전점검기기를 이용하여 실시하는 세부적인 점검으로서 매년 1회 이상 실시
- 특별안전점검 : 폭발사고·화재사고 등 연구실 종사자의 안전에 치명적인 위험을 야기할

가능성이 있을 것으로 예상되는 경우 실시하는 점검으로써 연구주체의 장이 필요하다고 인정하는 경우 실시

⑩ 취급하고 있는 유해물질에 대한 물질안전보건자료(MSDS : Material safety data sheet)를 게시하고 이를 연구활동 종사자가 숙지하도록 교육하여야 한다.

⑪ 연구실 내에는 금지표지, 경고표지, 지시표지 및 안내표지 등 필요한 안전보건 표지를 부착하여야 한다.

⑫ 실험공간과 연구공간은 분리 설치한다.

사진 2.1 출입 통로 적정 폭 확보 및 비상대피로 표시

사진 2.2 연구·실험공간과 사무공간 분리

나. 연구활동 종사자의 안전보건 수칙

① 유해물질, 방사성물질 등을 취급하는 연구실에서 연구실 종사자는 실험복, 보안경 등의 보호장비를 착용하고 실험을 하여야 한다. 일반인이 연구실을 방문할 때는 보안경 등 필요한 보호장비를 착용하여야 한다.

② 유해물질 등 시약은 절대로 입에 대거나 냄새를 맡지 말아야 한다.

③ 유해물질을 취급하는 실험을 할 때는 부스(Booth)에서 실시하여야 한다.

④ 절대로 입으로 피펫(Pipet)을 빨면 안 된다.

⑤ 하절기에도 연구실 내에서 긴 바지를 착용하여야 한다.

⑥ 음식물을 연구실 내 시약 저장 냉장고에 보관하지 말고, 또한 연구실 내에서 음식물을 먹지 말아야 한다.

⑦ 연구실에서 나갈 때에는 비누로 손을 씻어야 한다.

⑧ 실험장비는 사용법을 확실히 숙지한 상태에서 작동시켜야 한다.

다. 다른 연구활동 종사자의 안전에 대한 고려

① 주위 사람들의 안전에 대해서도 고려하여야 한다.
② 불안전한 행동을 하는 사람이 있을 경우 안전한 행동을 하도록 주지시켜야 한다.
③ 화재 또는 사고 시에 주위 사람에게 알린다.

라. 사고 시 행동 요령

① 사고를 대비하여 비상연락, 진화, 대피 및 응급조치요령 등에 포함된 비상조치 절차를 "비상조치 계획지침"을 참조하여 작성하여야 한다.
② 사고가 발생하였을 때는 정확하고 빠르게 대응하여야 한다.
③ 연구실 내 샤워장치, 세안장치, 완강기, 소화전, 소화기, 화재경보기 등 안전장비 및 비상구에 대하여 잘 알고 있어야 한다.
④ 사고가 발생하면 다음 각 호와 같이 행동하도록 한다.
- 긴급조치 후 신속히 큰소리로 다른 실험종사자에게 알리고 즉시 안전관리 책임자에게 보고하고, 관련 부서에 도움을 요청하도록 한다.
- 화재나 사고를 가능한 한 초기에 신속히 진압하고, 필요시 응급조치를 취한다.
- 초기 진압이 어려운 경우에는 진압을 포기하고 건물 외부로 대피하도록 한다.
- 소방서, 경찰서, 병원 등에 연락하여 도움을 요청한다.
- 필요시 구급요원 등에 대해 사고 진행 상황에 대하여 상세히 알리도록 한다.

마. 사고 시 응급조치

(1) 호흡정지

① 환자가 의식을 잃고 호흡이 정지된 경우 즉시 인공호흡을 해야 한다.
② 주변의 도움을 청하려고 시간을 낭비하지 말고 환자를 소생시키면서 도움을 청해야 한다.

(2) 출혈

① 환자는 편안하게 눕힌다.

② 출혈 시 상처 부위를 패드나 천으로 눌러서 지혈시킨다.
③ 위급할 때는 의류를 잘라 사용토록 한다.
④ 피가 흐르는 부위는 신체의 다른 부분보다 높게 하여 계속 누르고 있도록 한다.
⑤ 지혈대는 쓰지 않도록 한다.
⑥ 충격을 피하기 위해서 상처 부위를 감싸고 즉시 응급요원을 부르도록 한다.

(3) 화상

① 경미한 화상은 얼음이나 생수로 화상 부위를 식힌다.
② 옷에 불이 붙었을 때는 다음의 요령에 따른다.
- 바닥에 누워 구르거나 근처에 소방담요가 있다면 화염을 덮어 싸도록 한다.
- 불을 끈 후에는 약품에 오염된 옷을 벗고 샤워 장치에서 샤워를 하도록 한다.
- 상처 부위를 씻고 열을 없애기 위해서 충분히 수돗물에 상처 부위를 담근다.
- 상처 부위를 깨끗이 한 후 얼음주머니로 감싸고 충격을 받지 않도록 감싼다.
- 사람을 향해 소화기를 사용하지 않도록 한다.

(4) 유해물질에 의한 화상

① 유해물질이 묻거나 화상을 입었을 경우 즉각 물로 씻는다.
② 유해물질에 의하여 오염된 모든 의류는 제거하고 접촉 부위는 물로 씻어낸다.
③ 유해물질이 눈에 들어갔을 경우 15분 이상 세안장치를 이용하여 깨끗이 씻고 즉각 전문의의 진료를 받는다.
④ 몸에 유해물질이 묻었을 경우 15분 이상 샤워 장치를 이용하여 씻어내고, 전문의의 진료를 받는다.
⑤ 위급한 경우 즉시 구급차를 부르고 샤워 장치를 이용하여 씻어낸다.
⑥ 유해물질이 몸에 엎질러진 경우 오염된 옷을 빨리 벗는다.
⑦ 보안경에 유해물질이 묻은 경우 시약이 묻은 부분은 완전히 세척하고 사용한다.

(5) 외상

외상 쇼크의 경우 재해의 성격이 분명하지 않다면 환자를 따뜻하게 하고 편안하게 눕힌 뒤 병원으로 이송시킨다.

3 연구실의 일상점검

가. 개요

일상점검은 연구개발활동에 사용되는 기계·기구·전기·약품·병원체 등의 보관상태 및 보호장비의 관리실태 등을 맨눈으로 실시하는 점검으로써 연구개발활동을 시작하기 전에 매일 1회 실시하는 점검으로 연구실책임자는 연구활동 종사자가 매일 연구개발활동 시작 전 일상점검을 실시하고 그 결과를 기록·유지하도록 한다. 이때, 연구실책임자는 연구실안전관리 담당자를 지정하여 점검을 하도록 할 수 있다.

일상점검을 실시하는 자는 사고 및 위험 가능성이 있는 사항 발견 즉시 해당 연구실책임자에게 보고하고 필요한 조치를 취하여야 하고, 연구실책임자는 일상점검 결과기록 및 미비 사항을 매일 확인 조치하고, 지시사항을 점검일지에 기록하여야 한다.

나. 점검 내용

일상점검은 일반안전, 기계·기구 안전, 전기안전, 화공안전, 소방안전, 가스안전, 생물안전 등으로 구분하여 다음의 연구실 일상점검표의 점검 내용에 따라 점검하고 연구실 특성에 맞게 점검 항목을 추가, 수정할 수 있다.

표 2.2 일상점검 실시 내용

연구실 일상점검표

기 관 명			결 재	연구실책임자
연구실명				

구분	점검 내용	점검 결과		
		양호	불량	미해당
일반안전	연구실(실험실) 정리정돈 및 청결 상태			
	연구실(실험실)내 흡연 및 음식물 섭취 여부			
	안전수칙, 안전표지, 개인보호구, 구급약품 등 실험장비(흄, 후드 등) 관리 상태			
	사전유해인자위험분석 보고서 게시			
기계기구	기계 및 공구의 조임부 또는 연결부 이상 여부			
	위험설비 부위에 방호장치(보호 덮개) 설치 상태			
	기계·기구 회전반경, 작동반경 위험지역 출입금지 방호설비 설치 상태			
전기안전	사용하지 않는 전기기구의 전원투입 상태 확인 및 무분별한 문어발식 콘센트 사용 여부			
	접지형 콘센트를 사용, 전기배선의 절연피복 손상 및 배선정리 상태			
	기기의 외함접지 또는 정전기 장애방지를 위한 접지 실시상태			
	전기 분전반 주변 이물질 적재금지 상태 여부			
화공안전	유해인자 취급 및 관리대장, MSDS의 비치			
	화학물질의 성상별 분류 및 시약장 등 안전한 장소에 보관 여부			
	소량을 덜어서 사용하는 통, 화학물질의 보관함·보관용기에 경고표시 부착 여부			
	실험폐액 및 폐기물 관리상태 (폐액분류표시, 적정용기 사용, 폐액용기덮개체결상태 등)			
	발암물질, 독성물질 등 유해화학물질의 격리보관 및 시건장치 사용여부			
소방안전	소화기 표지, 적정소화기 비치 및 정기적인 소화기 점검상태			
	비상구, 피난통로 확보 및 통로상 장애물 적재 여부			
	소화전, 소화기 주변 이물질 적재금지 상태 여부			
가스안전	가스용기의 옥외 지정장소보관, 전도방지 및 환기 상태			
	가스용기 외관의 부식, 변형, 노즐잠금상태 및 가스용기 충전기한 초과 여부			
	가스누설검지경보장치, 역류/역화방지장치, 중화제독장치 설치 및 작동상태 확인			
	배관 표시사항 부착, 가스사용시설 경계/경고표시 부착, 조정기 및 밸브 등 작동상태			
	주변화기와의 이격거리 유지 등 취급 여부			
생물안전	생물체(LMO 포함) 및 조직, 세포, 혈액 등의 보관 관리상태(보관용기 상태, 보관기록 유지, 보관 장소의 생물재해(Biohazard) 표시 부착 여부 등)			
	손 소독기 등 세척시설 및 고압멸균기 등 살균 장비의 관리 상태			
	생물체(LMO 포함) 취급 연구시설의 관리·운영대장 기록 작성 여부			
	생물체 취급기구(주사기, 핀셋 등), 의료폐기물 등의 별도 폐기 여부 및 폐기용기 덮개설치 상태			
※ 지시(특이) 사항 :				
* 상기 내용을 성실히 점검하여 기록 함.				

점검자(연구실안전관리담당자) : (서명)

4 연구실의 사전 유해인자위험분석

가. 목적

연구개발활동 시작 전 유해인자(화학적, 물리적 위험요인 등 사고를 발생시킬 가능성이 있는 인자)를 미리 분석하여 사고를 예방하기 위한 제도로서 연구실책임자가 스스로 연구실의 유해인자에 대한 실태를 파악하고 이에 대한 안전관리 대책 및 비상조치사항을 강구하여 연구실 및 연구활동 종사자를 보호하고 연구개발 활성화에 기여함을 목적으로 한다.

나. 사전 유해인자위험분석 실시 대상 및 시기

연구활동 중에 화학물질관리법에 따른 유해인자(유독물질, 허가물질, 제한물질 또는 금지물질, 사고대비물질), 산업안전보건관리법에 따른 유해인자(노출기준 설정 대상 유해인자, 허용기준 설정 대상 유해인자, 제조 등 금지물질, 제조 등 허가물질 작업환경측정 대상 유해인자, 특수건강진단 대상 유해인자 등) 및 고압가스 안전관리법 시행규칙에 따른 독성가스(아크릴로니트릴 · 아크릴알데히드 · 아황산가스 · 암모니아 · 일산화탄소 · 이황화탄소 · 불소 · 염소 · 염화메탄 · 산화에틸렌 · 시안화수소 · 황화수소 · 벤젠 · 포스겐 · 요오드화수소 · 브롬화수소 · 염화수소 · 불화수소 · 모노실란 · 디실란 · 디보레인 · 포스핀 등)를 취급하는 모든 연구실이 대상이 된다.

시기는 연구활동 시작 전에 실시하며, 연구활동과 관련된 주요 변경사항 발생 또는 연구실책임자가 필요하다고 인정할 경우 추가적으로 실시하여야 하며, 다음은 실험 및 과제 특성에 따른 실시 시기 결정의 예시이다.

표 2.3 실험 및 과제 특성에 따른 실시 시기

구분	실시 시기	예시
매년 주기적으로 하는 실험	• 해당 실험을 실시하기 전에 실시	• 학부 실험, 업무적 실험, 의뢰받은 실험 등
단기연구과제	• 해당 연구과제를 실시하기 전에 실시	• 1년 이내로 진행되는 과제 등
다년도 연구과제	• 해당 연구과제를 실시하기 전에 실시 • 다음연도 과제 실시하기 전 변경사항 등이 존재하는 경우 기존 사전 유해인자위험분석 보고서 수정	• 1년 이상 진행되는 과제 등

다. 사전 유해인자 위험분석 수행 절차

사전 유해인자위험분석의 수행 절차는

① 사전준비(주요 유해인자 확인)
② 연구실 안전 현황 분석
③ 연구개발 활동별 유해인자 위험분석
④ 연구개발활동 안전 분석(R&D SA : Research&Development Safety Analysis)
⑤ 사전 유해인자 위험분석 보고 및 관리이며, 각 절차별 수행과정은 다음과 같다.

표 2.4 사전 유해인자 위험분석 단계별 내용

단계	내용		주체
1단계 사전준비 (주요 유해인자 확인)	• 자료수집 • 일정 협의 • 자료 및 실험절차 리뷰		연구실책임자
2단계 연구실 안전현황 분석	• 기관명 • 연구개발 동향정보 • 연구실 유해인자 • 연구실 개요 • 연구활동종사자현황	• 개인보호구 및 안전장비 현황 • 비상연락처 • 주요 기자재 현황 • 연구실 배치현황	
3단계 연구개발활동별 유해인자 위험분석	• 화학물질 • 생물체 • 위험분석 • 비상조치계획	• 가연성가스/독성가스 • 물리적 유해인자 • 안전 계획 • 개인보호구 선정	
4단계 연구개발활동 안전 분석	• 연구실험 절차 수립 • 위험분석 • 안전계획 • 비상조치계획		
5단계 보고 및 관리	• 변경사항 관리 • 조치사항 관리		연구실 안전환경관리자

라. 사전 유해인자 위험분석 수행 시 주요 내용

(1) 연구실 안전현황 분석에 필요한 자료

연구실책임자는 다음의 자료 및 정보 전부 또는 일부를 활용하여 연구실 안전현황을 분석하고, 그 결과를 작성한다.

① 기계·기구·설비 등의 사양서
② 물질안전보건자료(MSDS)
③ 연구·실험·실습 등의 연구내용, 방법(기계·기구 등 사용법 포함), 사용되는 물질 등에 관한 정보
④ 안전 확보를 위해 필요한 보호구 및 안전설비에 관한 정보
⑤ 그 밖에 안전 현황 분석에 참고가 되는 자료 등

(2) 연구활동별 유해인자 위험분석

연구실책임자는 파악한 해당 연구실의 연구활동별(실험·실습/연구과제별) 유해인자에 대해 위험분석을 실시하여 그 결과를 작성하고 또한 파악한 해당 연구실의 유해인자를 포함한 연구(실험·실습/연구과제별)에 대해 연구개발활동안전분석(Research & Development Safety Analysis, R&DSA)을 실시하고, 그 결과를 작성한다.

(3) 연구실 안전계획

연구실책임자는 연구활동별 유해인자 위험분석 실시 후 유해인자에 대한 안전한 취급 및 보관 등을 위한 조치, 폐기 방법, 안전설비 및 개인보호구 활용 방안 등을 연구실 안전계획에 포함시켜 작성한다.

(4) 비상조치계획

연구실책임자는 화재, 누출, 폭발 등의 비상사태가 발생했을 경우에 대한 대응 방법, 처리 절차 등을 비상조치계획에 포함시켜 작성한다.

(5) 사전유해인자위험분석 보고

① 연구주체의 장은 연구실책임자가 작성한 사전 유해인자위험분석 보고서를 종합하여 확인 후 이를 체계적으로 관리할 수 있도록 문서번호를 매겨 관리·보관하고, 사고 발생 시 보고서 중 유해인자의 위치가 표시된 배치도 등 필요한 부분에 대해 사고대응기관에 즉시 제공하고, 연구실책임자가 작성한 사전 유해인자 위험분석 보고서를 검토하여 필요할 경우 조치를 취하고 이에 대한 결과를 기록·보존한다.

② 연구실책임자는 사전 유해인자위험분석 보고서를 연구실 출입문 등 해당 연구실의 연구활동 종사자가 쉽게 볼 수 있는 장소에 게시한다.

5 연구실의 안전교육

가. 개요

연구 주체의 장은 연구활동 종사자에게 연구실 사고예방 및 대응에 필요한 신규 교육·훈련, 정기 교육·훈련, 특별 교육·훈련을 교육·훈련 시간과 내용에 맞게 실시해야 하며, 연구실안전환경관리자는 연구실의 안전교육을 수립하고 신규교육과 보수교육을 교육 주기, 시간 및 내용에 맞게 이수하여야 한다.

나. 연구활동 종사자 교육

연구활동에 종사하는 사람으로서 각 대학·연구기관 등에 소속된 연구원·대학생·대학원생 및 연구보조원 등의 연구활동 조사는 다음과 같이 교육을 이수해야 한다.

표 2.5 연구활동 종사자 교육 · 훈련의 시간 및 내용

구분	교육대상		교육시간 (교육시기)	교육내용
1. 신규 교육 · 훈련	근로자	가. 정기적으로 정밀안전진단을 실시해야 하는 연구실에 신규로 채용된 연구활동 종사자	8시간 이상 (채용 후 6개월 이내)	• 연구실 안전환경 조성 관련 법령에 관한 사항 • 연구실 유해인자에 관한 사항 • 보호장비 및 안전장치 취급과 사용에 관한 사항 • 연구실사고 사례, 사고 예방 및 대처에 관한 사항 • 안전표지에 관한 사항 • 물질안전보건자료에 관한 사항 • 사전유해인자위험분석에 관한 사항 • 그 밖에 연구실 안전관리에 관한 사항
		나. 정기적으로 정밀안전진단을 실시해야 하는 연구실이 아닌 연구실에 신규로 채용된 연구활동 종사자	4시간 이상 (채용 후 6개월 이내)	
	근로자가 아닌 사람	다. 대학생, 대학원생 등 연구활동에 참여하는 연구활동 종사자	2시간 이상 (연구활동 참여 후 3개월 이내)	
2. 정기 교육 · 훈련	가. 저위험연구실의 연구활동 종사자		연간 3시간 이상	• 연구실 안전환경 조성 관련 법령에 관한 사항 • 연구실 유해인자에 관한 사항 • 안전한 연구활동에 관한 사항 • 물질안전보건자료에 관한 사항 • 사전유해인자위험분석에 관한 사항 • 그 밖에 연구실 안전관리에 관한 사항
	나. 정기적으로 정밀안전진단을 실시해야 하는 연구실의 연구활동종사자		반기별 6시간 이상	
	다. 위 규정한 연구실이 아닌 연구실의 연구활동 종사자		반기별 3시간 이상	
3. 특별안전 교육 · 훈련	연구실 사고가 발생했거나 발생할 우려가 있다고 연구주체의 장이 인정하는 연구실의 연구활동 종사자		2시간 이상	• 연구실 유해인자에 관한 사항 • 안전한 연구활동에 관한 사항 • 물질안전보건자료에 관한 사항 • 그 밖에 연구실 안전관리에 관한 사항

비고 : 1. 제1호에서 "근로자"란 「근로기준법」 제2조제1항제1호에 따른 근로자를 말한다.
2. 연구주체의 장은 제1호에 따른 신규 교육 · 훈련을 받은 사람에 대해서는 해당 반기 또는 연도(영 별표 3에 따른 저위험연구실에 종사하는 연구활동 종사자로 한정한다)의 정기 교육 · 훈련을 면제할 수 있다.
3. 제2호에 따른 정기 교육 · 훈련은 사이버교육의 형태로 실시할 수 있다. 이 경우 평가를 실시하여 100점을 만점으로 60점 이상 득점한 사람에 대해서만 교육을 이수한 것으로 인정한다.

다. 연구실안전 환경관리자 교육

각 대학·연구기관 등에서 연구실 안전과 관련한 기술적인 사항에 대하여 연구주체의 장을 보좌하고 연구실책임자 등 연구활동 종사자에게 조언 · 지도하는 업무를 수행하는 연구실안전 환경관리자는 다음과 같이 교육을 이수해야 한다.

표 2.6 연구실안전 환경관리자 전문교육의 시간 및 내용

구분	교육시기·주기	교육 시간	교육내용
1. 신규교육	연구실안전 환경관리자로 지정된 후 6개월 이내	18시간 이상	• 연구실 안전환경 조성 관련 법령에 관한 사항 • 연구실 안전 관련 제도 및 정책에 관한 사항 • 안전관리 계획 수립·시행에 관한 사항 • 연구실 안전교육에 관한 사항 • 연구실 유해인자에 관한 사항 • 안전점검 및 정밀안전진단에 관한 사항 • 연구활동종사자 보험에 관한 사항 • 안전 및 유지·관리비 계상 및 사용에 관한 사항 • 연구실사고 사례, 사고 예방 및 대처에 관한 사항 • 연구실 안전환경 개선에 관한 사항 • 물질안전보건자료에 관한 사항 • 그 밖에 연구실 안전관리에 관한 사항
2. 보수교육	신규 교육을 이수한 후 매 2년이 되는 날을 기준으로 전후 6개월 이내	12시간 이상	

비고 : 법 제30조에 따라 지정된 권역별 연구안전지원센터에서 위 교육을 이수하고, 교육 이수 후 수료증을 발급받은 사람에 대해서만 전문교육을 이수한 것으로 본다.

6 연구실의 실험기구 및 안전설비의 취급 안전

가. 화학실험용 기구

① 비이커류에 용매 등을 넣을 때는 크리이프 현상(액이 벽면을 따라 상승하여 외측으로 나오는 것) 및 증발에 의한 비산에 주의해야 한다.

② 플라스크류는 압력 및 변형에 약하므로 직화에 의한 가열 및 감압 조작에 사용해서는 안 된다.

나. 실험장치

① 수행하려는 화학실험의 종류와 어떠한 기계적 강도가 요구되는가를 예상한다.

② 사용으로 인하여 기계적 강도가 떨어지는 기구를 사용해야 할 때는 보호, 보강, 방어 등 적절한 조치를 강구한다.

③ 유리관은 직접 사용하여, 클램프로 고정하지 말고 부드러운 고무 등으로 고정한다.

④ 온도가 변화하면 기계적 강도가 변화하는 것에 유의하여야 한다.

⑤ 사용하는 약품에 따라 기계적 강도는 변화한다는 것에 유의한다.

다. 연구실 부스

(1) 구조

① 제어풍속은 부스를 개방한 상태로 개구면에서 0.4 m/sec 정도로 유지되어야 한다. 다만, 부스가 없는 실험대에서 실험을 할 경우 상방향 후드의 제어풍속은 실험대 상부에서 1.0 m/sec 정도로 유지되어야 한다.

② 부스 입구의 공기의 흐름 방향은 입구 면에 수직이고 안쪽으로 향하여야 한다.

③ 부스 위치는 문, 창문, 주요 보행통로로부터 떨어져 있어야 한다.

④ 실험장치를 부스 내에 설치할 경우는 전면에서 15 cm 이상 안쪽에 설치하여야 하며, 부스 내 전기·기계기구는 방폭형이어야 한다.

(2) 유지관리

① 부스는 규정에 맞추어 설치하여야 한다.

② 부스는 항상 양호한 상태로 유지되어야 하며, 후드나 배기장치에 이상이 생겼을 경우는 즉시 수리를 의뢰하고 '수리 중'이라는 표지를 붙인다.

③ 후드로 배출되는 물질의 냄새가 감지되면 배기장치가 작동되는지 점검하고, 후드의 작동 상태가 양호하지 않으면 정비하도록 한다.

④ 후드 및 국소배기장치는 1년에 1회 이상 자체검사를 실시하여야 하며, 제어풍속을 3개월에 1회 측정하여 이상 유무를 확인한다.

⑤ 실험용 기자재 등이 후드 위에 연결된 배기 덕트 안으로 들어가지 않도록 한다.

⑥ 부스 앞에 서 있는 작업자는 주위의 공기흐름을 변화시킬 수 있으므로 실험자를 2인 이하로 최소화한다.

⑦ 부득이하게 시약을 부스 내에 보관할 경우는 항상 후드의 배기장치를 켜두어야 한다.

라. 유해물질 저장 캐비닛

① 연구실 내에 시약 등 유해물질을 저장할 경우는 강제배기장치가 설치되어 통풍이 되는 캐비닛에 저장되어야 한다.

② 유해물질의 사용 및 유지는 다음의 요령에 따른다.

- 유해물질은 물성이나 특성별로 저장하여야 하며 알파벳순이나 가나다순 등 이름 분류로 저장하지 않아야 한다.
- 서로 반응할 수 있는 유해물질을 함께 두지 않아야 한다.
- 유리상자에 저장된 것은 가능한 캐비닛 선반의 제일 아래에 보관한다.

③ 캐비닛의 형식은 다음 요령에 따라 선택한다.

- 가연성 물질용 캐비닛은 가연성 물질 및 인화성 액체 저장용으로 사용한다.
- 산, 부식 물질용 캐비닛은 내부식성 재질의 것을 사용한다.
- 연구실 외부의 가연성 및 부식성 액체를 저장할 때는 저장 캐비닛을 별도로 설치하여 사용한다.

마. 개별 저장용기

① 유해물질을 저장하는 용기를 선택할 때는 약품과 반응하지 않는지 확인한다.

② 용기는 크기를 20 L 이하로 제한한다.

③ 용기는 꼭 막을 수 있는 뚜껑, 배출구 덮개를 가지고 있어야 하며 용기 내부 압력이 상승되지 않도록 시원한 장소에 보관한다.

④ 유리용기를 구매할 때는 폭발 위험을 최소화할 수 있도록 배기구 뚜껑 등이 부착된 것으로 한다.

바. 연구실용 냉장고

① 일반 냉장고를 가연성 물질과 같은 특별한 위험이 있는 물질 보관용으로 사용하지 말아야 한다.

② 연구실 용도의 냉장고는 유해물질의 저장이 가능한 것을 사용한다.

③ 위험물질의 보관기간은 가능한 한 짧게 한다.

④ 냉장고는 정기적으로 점검하여야 한다.

⑤ 냉장고의 사용 및 유지는 다음의 요령에 따른다.

- 냉장고에 저장할 수 있는 유해물질은 표지를 붙여야 한다.
- 방사능물질을 저장할 경우는 냉장고에 방사능물질을 저장하고 있다는 표지를 붙인다.
- 냉장고 속에 보관되는 용기들은 완전히 밀폐되거나 뚜껑이 덮여 있어야 하며, 안전하게 놓이고, 물질 표지가 붙어 있어야 한다.
- 뚜껑이 알루미늄 호일, 코르크 마개, 유리 마개 등으로 제작된 것은 저장을 피한다.
- 냉장고는 물이 떨어지는 것을 방지할 수 있도록 서리가 끼지 않는 것을 사용한다.

사. 세안 설비

① 세안 설비는 유해물질을 취급하는 연구실에 설치하여야 하며, 연구실 내의 모든 인원이 쉽게 접근하고 사용할 수 있도록 준비되어 있어야 한다.

② 세안 설비는 연구실의 모든 장소에서 10초 이내에 도달할 수 있는 위치에 확실히 알아볼 수 있는 표시와 함께 설치되어 있어야 한다.

③ 연구실 작업자들이 눈을 감은 상태에서도 가장 가까운 세안장치에 접근할 수 있어야 한다.

④ 눈 부상은 보통 피부 부상을 동반하게 되므로 세안 설비는 긴급 세척시설과 같이 설치하여, 눈과 몸을 동시에 씻을 수 있도록 한다.

⑤ 세안 설비의 사용 및 유지는 다음의 요령에 따른다.

- 물 또는 눈 세척제는 직접적으로 눈을 향하게 하는 것보다는 코의 낮은 부분을 향하도록 하는 것이 좋다.
- 눈꺼풀은 강제적으로 열리도록 하여 눈꺼풀 뒤도 효과적으로 세척하도록 한다.
- 코의 바깥쪽에서 귀 쪽으로 세척하여 씻겨진 화학물질이 거꾸로 눈 안이나 오염되지 않은 눈으로 들어가지 않도록 하여야 한다.

- 물 또는 눈 세척제로 최소 15분 이상 눈과 눈꺼풀을 씻어낸다.
- 유해한 화학물질로 오염된 눈을 씻을 때는 가능한 빨리 콘택트 렌즈는 벗겨낸다.
- 피해를 입은 눈은 깨끗하고 살균된 거즈로 덮는다.
- 병원이나 구급대에 전화한다.
- 세안 설비는 분기별 1회 정기적으로 점검한다.
- 수직형의 세안장치는 공기 중의 오염물질로부터 노즐을 보호하기 위한 보호커버를 설치한다.

아. 긴급 세척시설

① 유해물질을 취급하는 연구실에는 긴급 세척시설을 설치하여야 하며, 항상 사용이 가능하게 준비가 되어 있어야 한다.

② 긴급 세척시설의 사용 및 유지는 다음 요령에 따른다.

- 긴급 세척시설은 신속하게 접근이 가능한 위치에 설치하고 알기 쉽도록 확실한 표시를 한다.
- 연구활동 종사자들이 눈을 감은 상태에서 긴급 세척시설에 접근할 수 있어야 한다.
- 긴급 세척시설은 쥐고 당길 수 있는 사슬이나 삼각형 손잡이로 작동되게 한다.
- 잡아당기는 사슬이나 삼각형 손잡이는 모든 사람의 키에 맞도록 높이를 조절하고, 항상 사용이 가능하도록 분기별 1회 이상 작동시험을 하여야 한다.
- 긴급 세척시설에서 쏟아지는 물줄기는 몸 전체로 떨어지게 할 수 있어야 한다.

사진 2.3 강제배기장치 또는 필터 등이 장착된 캐비닛

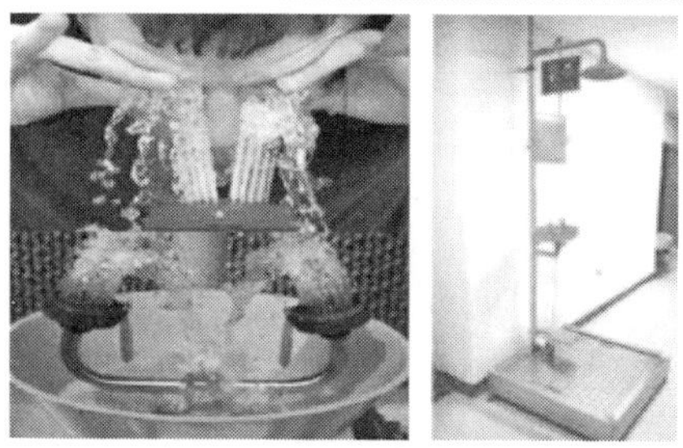

사진 2.4 세안 설비 및 긴급 세척시설

• 긴급 세척시설이 작동되는 동안 혼자서 옷을 벗고 신발이나 장신구를 벗을 수 있어야 한다.
• 긴급 세척시설은 전기 분전반이나 전선 인입구 등에서 떨어진 곳에 위치하여야 한다.
• 긴급 세척시설은 배수구 근처에 설치하여야 한다.

자. 연구실 폐기물의 처리

(1) 수집 운반상의 일반적 주의

① 화학폐기물 수집 용기는 운반 및 용량 측정이 용이한 프라스틱 용기를 사용하여야 한다.
② 수집 용기 외부에는 사용한 부서명과 장소, 전화번호, 품명, 특성 및 주의사항 등을 기록한 특정폐기물 표지를 부착한다.
③ 유해물질의 폐기물을 수집할 때는 폐산, 폐알카리, 폐유기용제(할로겐족, 비할로겐족) 폐유 등 종류별로 구분하여 수집하여야 한다. 특히, 다음의 폐액은 혼합하여 보관해서는 안 된다.
  • 과산화물과 유기물
  • 시안화물, 황화물, 차아염소산염과 산
  • 염산, 불화수소 등의 휘발성 산과 비휘발성 산
  • 암모늄염, 휘발성 아민과 알칼리
  • 진한 황산, 술폰산, 옥살산, 폴리인산 등의 산과 기타 산
④ 수집한 유해물질의 폐기물 용기는 직사광선을 피하고 통풍이 잘되는 곳을 폐기물 보관 장소로 지정하여 보관하여야 하며 복도, 계단 등에 방치하여서는 안 된다.
⑤ 유해물질의 폐기물 취급 및 보관 장소에는 금연, 화기취급 엄금 표지와 폐기물 보관수칙을 부착한다.
⑥ 빈 시약병은 파손되지 않도록 기존 상자에 넣어 폐기물 보관 장소에 보관한다.
⑦ 수집·보관된 유해물질 폐기물 용기는 폐액의 유출이나 악취가 발생 되지 않도록 2중 마개로 닫는 등 필요한 조치를 하여야 한다.
⑧ 수집된 폐기물을 운반할 때는 손수레와 같은 안전한 운반구 등을 이용하여 운반한다.
⑨ 방사성물질을 함유한 폐기물은 별도 수집하며, 정해진 처리 규정에 따라 누설되지 않도록 엄중히 처리해야 한다.

(2) 처리상의 일반적 기준

① 폐액에 의하여 처리 중 유독가스의 발생, 발열, 폭발 등의 위험을 충분히 조사하고, 첨가하는 약재를 소량씩 넣는 등 주의하면서 처리해야 한다.

② 악취가 나는 폐액, 유독가스를 발생하는 폐액 및 인화성이 강한 폐액은 누설되지 않도록 적당한 처리를 강구하여 조기에 처리한다.

③ 폭발성 물질을 함유하는 폐액은 보다 신중하게 취급하고 조기 처리한다.

④ 간단한 제거제로는 처리가 어려운 폐액은 적절한 처리를 강구하고, 처리되지 않은 상태로 방출되는 일이 없도록 주의한다.

⑤ 처리 후에도 폐수가 유해한 경우에는 추가로 후처리할 필요가 있다.

⑥ 유해물질이 부착된 거름종이, 약봉지, 폐활성탄 등은 적절한 처리를 한 후에 보관한다.

7 연구실 사고 발생 시 비상대응 조치

가. 사고 유형별 행동 절차

연구실 사고는 연구실 사고 통계분석 결과를 바탕으로 다음과 같이 6개 분야, 13개의 사고 유형으로 분류하고 각 사고 유형별 예방·대비, 대응, 복구 단계에서의 직무별 역할을 기술한다.

표 2.7 사고 유형별 행동 절차 분류표

구분	번호	사고 유형
화학	1	화학물질 누출·접촉
	2	화학물질 화재·폭발
가스	1	가연성가스 누출·폭발
	2	독성가스 누출
전기	1	감전
	2	전기화재

구분	번호	사고 유형
생물	1	병원성 물질 유출
	2	동물 물림, 바늘 등에 의한 부상
기계	1	생물안전작업대(BSC) 내 유출
	2	끼임 및 절단
기타	1	화상
	2	상처 및 출혈
	3	유해광선 접촉

나. 사고 유형별 행동 절차

사고 유형에 따른 사고 예방·대비, 대응, 복구단계별 예시는 다음과 같으며, 사고 유형별 행동 절차는 대학·연구기관이 각 기관의 특성을 반영하여 수립한다.

표 2.8 화학물질 누출·접촉

※ 사고 상황 → 황산이 들어 있는 시약병을 옮기는 과정에서 병을 바닥에 떨어뜨려 용기가 파손되고 황산액이 바닥에 누출되어 있는 상태

구분	해당 연구실(연구실책임자, 연구활동 종사자)	안전담당 부서(연구실 안전환경관리자)
사고 예방·대비 단계	• MSDS/GHS 비치 및 교육 • 화학물질 성상별 분류 보관	• 다량의 인화물질을 보관하기 위한 별도보관 장소 마련
사고대응 단계	• 주변 연구활동 종사자들에게 사고 전파 • 안전담당부서(필요 시 소방서, 병원)에 약품 누출 발생사고 상황 신고(위치, 약품 종류 및 양, 부상자 유·무 등) • 유해물질에 노출된 부상자의 노출된 부위를 깨끗한 물로 20분 이상 씻어줌 • 금수성물질이나 인등 물과 반응하는 물질이 묻었을 경우 물로 세척 금지 • 위험성이 높지 않다고 판단되면, 안전담당부서와 함께 정화 및 폐기작업 실시	• 누출물질에 대한 MSDS/GHS 및 대응 장비 확보 • 사고현장에 접근금지테이프 등을 이용하여 통제 구역 설정 • 개인보호구 착용 후 사고처리(흡착제, 흡착포, 흡착휀스, 중화제 등 사용) • 부상자 발생 시 응급조치 및 인근 병원으로 후송
사고 복구 단계	• 사고원인 조사를 위한 현장은 보존하되, 2차 사고가 발생하지 않도록 조치하는 범위 내에서 사고현장 주변 정리정돈 • 부상자 가족에게 사고내용 전달 및 대응 • 피해복구 및 재발방지 대책마련·시행	• 사고 원인 조사 • 사고내용 과학기술정보통신부 보고

CHAPTER

03

기계안전 분야

학습내용

1. 기계설비의 위험성
2. 기계설비의 안전일반
3. 주요 기계·기구 위험성과 방호
4. 기계설비의 안전대책

1 기계설비의 위험성

대부분의 기계설비는 원동기, 동력전달장치, 작업점 및 부속장치로 구성되어 있으며 이들은 원칙적으로 몇 가지 기본운동 및 동작 형태로 에너지를 전달하여 작업을 하게 된다. 이러한 과정에서 기계설비의 위험성은 다음과 같이 나누어 설명할 수 있다.

가. 위험성 분류

① 회전 동작

플라이휠, 팬, 풀리, 축 등과 같이 회전운동을 하는 부위는 아래와 같은 위험성이 상존한다.

- 접촉 및 말림
- 고정부와 회전부 사이에 끼임, 협착
- 회전부 자체 위험

② 횡축 동작

운동부와 고정부 사이에 위험이 형성되며 작업점과 기계적 결합 부분에 위험성이 있다.

③ 왕복 동작

운동부와 고정부 사이에 위험이 형성되며 운동부 전후좌우 등에 적절한 안전조치가 필요하다. 예를 들면 프레스 등이 있다.

④ 기타

- 진동 : 가공품이나 기계 부품의 진동에 의한 위험
- 가공 중인 소재 : 특히 회전 소재 가공접촉 위험
- 부착 공구, 지그 등의 이탈
- 열처리, 용접 불량 등에 의한 파손
- 비기계적 위험 : X선 등의 방사선, 자외선, 압력, 고온, 소음 등

나. 위험점 종류

① 협착점

왕복운동을 하는 동작 부분과 움직임이 없는 고정 부분 사이에 형성되는 위험점으로 프레

스 금형 조립 부위 등을 들 수 있다.

② 끼임점

고정 부분과 회전하는 동작 부분이 함께 만드는 위험점으로 회전풀리와 베드 사이, 연삭숫돌과 작업대 사이 등을 들 수 있다.

③ 절단점

회전하는 자체의 위험이나 운동하는 기계 부분 자체의 위험에서 초래되는 위험점으로 목공용 띠톱 부분, 밀링커터 부분 등을 들 수 있다.

④ 물림점

회전하는 두 개의 회전체에 물려 들어가는 위험성이 있는 곳을 말하며 위험점이 발생되는 조건은 회전체가 서로 반대 방향으로 맞물려 회전되어야 한다. 주로 기어 물림점, 롤러 회전점 등을 들 수 있다.

⑤ 접선 물림점

회전하는 부분의 접선방향으로 물려 들어갈 위험이 존재하는 점으로 풀리와 벨트, 체인과 스프라켓 등을 들 수 있다.

⑥ 회전 말림점

회전하는 물체에 작업복 등이 말려드는 위험점으로 나사 회전부, 드릴 등을 들 수 있다.

다. 사고 체인의 5요소

사고는 다음에 열거한 요소 중 2개 또는 그 이상의 조합으로 발생하게 된다. 기계요소에 따라 사람이 어떻게 상해를 입느냐 하는 기준으로 위험 요소를 분류하고 점검해야 할 사항은 다음과 같다.

① 1요소(함정)

기계의 운동에 의해 트랩점(Trapping point)이 발생할 가능성이 있는가?

② 2요소(충격)

운동하는 어떤 기계요소들과 사람이 부딪혀 사고가 일어날 가능성이 없는가?

③ 3요소(접촉)

날카롭거나 뜨겁거나 등의 접촉 시 상해가 일어날 요소가 있는가?

④ 4요소(말림)

작업자 신체의 일부가 기계설비에 말려 들어갈 우려는 없는가?

⑤ 5요소(튀어나옴)

기계요소나 피가공재가 기계로부터 튀어나올 염려는 없는가?

2 기계설비의 안전 일반

가. 기계의 정지 및 운전 시 점검 사항

① 정지상태 시 점검 사항

- 급유상태
- 방호장치, 동력전달장치 점검
- 전동기 개폐기의 이상 유무
- 슬라이드 부분 상태
- 힘이 걸린 부분의 흠집, 손상 유무
- 볼트, 너트의 헐거움이나 풀림 상태 확인
- 스위치 위치와 구조 상태, 접지 상태 점검

② 운전상태의 점검사항

- 클러치
- 베어링 온도상승 여부
- 이상음, 진동 상태
- 기어 맞물림 상태
- 슬라이드 면의 온도상승 여부
- 시동정지 상태

나. 기본 안전수칙

① 공작기계나 기계설비를 다룰 때는 정해진 공구를 사용한다.

② 실험 중에는 작업복을 착용하고 안전화를 신도록 한다.

③ 필요한 장소에서는 보호안경이나 보호구 등 개인보호구를 착용한다.
④ 자외선 조사장치를 취급하는 경우에 강한 자외선을 눈에 쪼이면 실명할 수 있으므로 주의해야 한다.
⑤ X선 발생장치를 취급하는 경우 반드시 방사선 취급 안전사항을 준수한다.
⑥ 장시간 실험을 하는 경우 정전, 가스누출 등의 사고가 발생할 우려가 있으므로 사전에 대비책을 세워놓는다.
⑦ 실험실은 늘 정리 정돈되고 청결한 상태를 유지한다.

다. 작업 시 복장

① 작업 종류에 따라 규정된 복장, 안전모, 안전화 및 보호구를 착용하여야 한다.
② 무덥거나 습한 장소에서도 작업복을 벗어서는 안 된다.
③ 복장은 몸에 알맞은 것을 착용해야 한다(주머니가 많은 것은 좋지 않다).
④ 수건을 허리에 차거나 어깨나 목에 걸지 않도록 한다.
⑤ 더럽거나 지나치게 기름이 묻은 작업복을 착용하지 말아야 한다.
⑥ 안전화를 착용하여 물체가 떨어지거나 못, 쇠붙이 등에 찔리지 않도록 한다.
⑦ 장갑은 작업 용도에 따라 적합한 것을 착용한다.
⑧ 작업의 유해, 위험성에 따라 적합한 보호구를 착용해야 한다.

라. 실험실 안전조치

① 실험실 바닥은 넘어지거나 미끄러지는 등의 위험이 없도록 안전하고 청결하게 유지하도록 한다.
① 실험실 출입문
- 실험실의 위치, 크기가 작업자의 용도와 특성에 적합하게 할 것
- 실험자가 쉽게 여닫을 수 있도록 할 것
- 사용의 주목적이 하역운반 기계용인 출입구는 인접하여 보행자용 문을 따로 설치할 것
- 하역운반기계의 통로와 인접한 출입문에서 접촉에 의해 근로자에게 위험을 미칠 우려가 있을 때는 비상등, 비상벨 등 경보장치를 할 것

③ 동력으로 작동되는 문의 설치조건

- 동력으로 작동되는 문에 협착 또는 전단의 위험이 있는 2.5 m 높이까지는 위급하거나 위험한 사태가 발생한 때 문의 작동을 정지시킬 수 있는 등의 안전조치를 할 것
- 손으로 조작하는 동력식 문은 제어장치를 해체하면 즉시 정지되는 구조로 할 것
- 수동으로 개폐가 가능하도록 할 것

마. 실험실 내 통로 안전

① 중요한 통로에는 구획표시(백색 또는 황색 실선)를 한다.

② 통로면은 넘어지거나 미끄러지는 등의 위험이 없도록 한다.

③ 통로 면으로부터 높이 2 m 이내에는 장애물이 없도록 한다.

④ 기계와 기계 사이에는 80 cm 이상의 간격을 유지한다.

⑤ 실험실 내 안전통로 폭

- 일방통행 = 몸 넓이 + 60 cm
- 양방통행 = (몸 넓이 × 2) + 90 cm

바. 기계설비 사용 작업

① 기계취급 일반수칙

- 고장 난 기계는 “고장”, “사용 못 함” 등의 표지를 붙여야 한다.
- 운전 중인 기계 곁을 떠나지 않아야 한다.
- 실험 중 통행자에 의해 접촉될 가능성이 있는 운동 부위는 덮개를 설치한다.
- 청소나 점검, 수리를 할 때는 반드시 기계를 정지시키고 한다.
- 정전으로 기계가 멈췄을 경우 반드시 해당 기계의 스위치를 꺼야 한다.
- 기계가 운전 중일 때 주유를 하면 위험하므로 금해야 한다.
- 공작물을 견고하게 물려서 작업 중 공작물이 이탈하는 사례가 없도록 한다.
- 기계를 정지시킬 때 완전히 정지될 때까지 손대지 말아야 하며 기계의 타력을 손이나 공구, 기타 물건으로 정지시키려 하지 말아야 한다.
- 회전 물체의 방향 쪽에서는 작업을 금해야 한다.

② 기계작업 수칙

- 기계의 취급은 인가자에 한하여 실시하고 정지 중 타인에 의해 구동되지 않도록 관계자외 "접촉금지" 표지를 걸어 놓는다.
- 기계 가동 전 기름 주입상태와 각종 레버를 점검한다.
- 기계 사용 시 필요한 보호장구를 사용한다.
- 기계를 처음 가동 시 저속으로 시운전한 후 작동한다.
- 기계 운전 시 주위에 화기물질 유무를 확인한다.
- 기계 운전자는 타인가 잡담이나 흡연을 금지한다.
- 기계에 이상이 발생하면 즉시 스위치를 끈다.
- 작업 종료 시는 기계 상태를 점검한다.

③ 공구 취급 수칙

- 작업에 적합한 용도의 공구를 사용해야 한다.
- 사용 전에 점검하고 불안전한 것을 사용하지 말아야 한다.
- 신중히 취급하고 사용 중 파손되면 즉시 교환해야 한다.
- 공구는 항상 일정한 장소에 두고 분실되지 않도록 유의해야 한다.
- 사용할 때 너무 무리한 힘을 가해서는 안 된다.
- 손 또는 공구가 젖어 있을 때는 잘 닦아낸 후 사용해야 한다.

④ 용접 및 절단 작업 수칙

- 용접절단 및 화염을 사용하는 작업에서는 항상 소화기를 준비해 놓고 작업한다.
- 용접할 때는 지정된 보호구를 착용해야 한다.
- 밀폐된 장소에서는 환기장치가 충분히 되었는지 확인하고 작업해야 한다.
- 가스절단기나 용접기는 안전한 사용법에 익숙한 연구자가 취급해야 한다.
- 용접도선의 취급방법은 접지도선을 용접할 문건에 접촉시키고 다른 도선을 전극봉 꼭지에 접촉시키는 순서로 해야 한다.
- 좁고 제한된 공간에서 가열된 부분의 열로 화구에 다시 불을 붙이는 것은 위험하므로 외부에서 점화하여 작업을 시작해야 한다. 화구에 즉시 불이 붙지 않을 수 있으며 점화가 늦어지면 폭발할 위험성이 있다.
- 아세틸렌은 1.3 kg/cm^2G 이상의 압력으로 사용해서는 안 된다.
- 용접기구를 사용하기 전 조절기와 호스가 단단하게 연결되어 있는가를 항상 확인해야 한다. 점검할 때는 절대로 불꽃을 사용하지 말아야 한다.

- 수분 이상 작업을 중단할 경우는 조절기 내 가스압력을 제거해야 한다.
- 실린더를 수직으로 세워 둘 경우 쓰러지지 않도록 묶어 두어야 한다.
- 산소나 아세틸렌 실린더는 전류가 통하고 있는 전선이나 전기기구 접지선과의 접촉을 방지해야 한다.

3 주요 기계 · 기구 위험성과 방호

가. 진공장치

① 진공시스템이 냉각 트랩을 가지고 있는지 확인한다.
② 내압을 견딜 수 있는 용기를 사용하고 방호막을 설치한다.
③ 펌프를 끄기 전 펌프와 용기 사이의 밸브를 닫도록 한다.
④ 펌프의 동력 전달부(벨트, 축 연결부위 등)는 덮개를 설치토록 한다.

나. 건조기

① 건조기는 샘플에서 물이나 용매를 제거하고 실험실 유리제품을 말리는 등에 널리 사용된다.
- 건조기에서 독성, 휘발성, 폭발 위험이 있는 약품을 건조시킬 때는 후드로 계속 배출되도록 하여야 한다.
- 건조기가 폭발하여 내용물이 파손되지 않게 하기 위해서는 휴즈가 용단되는 오븐이 바람직하다.
- 건조기에는 바이메탈이나 알코올 온도계가 적합하다.

다. 천장 크레인(호이스트)

① 정해진 규격 이상의 하중을 걸지 않는다.

② 하물의 무게중심 바로 위에 호이스트를 이동시켜 짐을 달아 올린다.
③ 하물에 사람이 타면 안 된다.
④ 정기적으로 검사를 받아야 한다.

라. 유압프레스

① 작업 전 주변을 확인하고 급정지 브레이크 작동상태를 확인한다.
② 금형을 교환, 설치할 때는 확실하게 맞춰 고정한다.
③ 안전장치의 기능을 제거하고 작업하면 안 된다.
④ 작업 중 자리를 비울 때는 반드시 기계운전을 정지시킨다.

마. 연삭기

① 연삭기의 종류에 따라 적합한 덮개를 부착하여 사용한다.
② 덮개는 연삭기 종류에 따라 적당한 노출 각도를 유지하여야 한다.
③ 플랜지 지름은 숫돌 지름의 1/3 이상으로 한다.
④ 칩 비산방지 투명판을 부착하여 사용한다.
⑤ 연삭기를 사용할 때 작업 시작 전 1분 이상, 연삭숫돌 교체 시 3분 이상 시운전하고 연삭숫돌의 최고 사용 회전 속도를 초과하지 않도록 하여야 한다.

4 기계설비의 안전대책

가. 기계설비 안전의 기본 원칙

연구실 기계설비를 안전하게 설치하기 위해서는 계획, 설계, 제작, 건설, 설치, 사용에서 폐기에 이르기까지 전 과정에 대한 안전성 검토뿐만 아니라 근본적인 안전대책이 이루어지도록 하는 것이 중요하다. 기계설비의 본질적 안전은 연구실 종사자가 기계를 작동하는 중에 잘못이나 실수를 하여도 기계가 이를 교정하여 사고나 재해가 일어나지 않도록 하는 것이다. 즉, 기계는 그 자체 또는 외부에 이상이 생겨도 안전성이 확보되어 사고나 재해가 발생하지 않도록 설계 제작되어야 한다. 기계 제작에서 고려되어야 할 기본적인 안전 내용은 다음과 같다.

① 조작상 위험이 없도록 설계해야 한다.
② 안전 기능이 기계설비에 내장되어 있어야 한다.
③ 풀 프루프(fool proof)의 기능을 가져야 한다.
④ 페일 세이프(fail safe)의 기능을 가져야 한다.

풀 프루프란, 인간이 기계의 취급을 잘못해도 그것이 바로 사고나 재해와 연결되는 일이 없도록 하는 기능을 말한다. 풀 프루프는 본래 인간의 착오 등을 방지하기 위한 것으로서, 인간이 착오를 일으키기 어렵게 하는 구조나 기능도 넓은 의미의 풀 프루프라고 할 수 있다.

페일 세이프란, 기계나 그 부품에 고장이나 기능 불량이 생겨도 항상 안전하게 작동하는 구조와 기능을 말한다. 예를 들어, 항공기의 엔진 하나가 고장 난 경우, 다른 엔진까지 정지되면 추락하게 된다. 따라서 나머지 엔진으로 인근 비행장까지 비행하도록 할 수 있는 것이 페일 세이프이다.

나. 기계설비의 안전 조건

(1) 외형의 안전화

기계설비의 안전 중 가장 중요한 것은 기계 외부에 나타나는 위험 부분인 날카로운 모서리와 같은 돌출 부분이 없어야 한다. 기계의 외형을 안전하게 하는 방법으로는 기계의 외형 부분에 덮개 또는 가드(guard)를 설치하거나, 원동기 및 동력전달장치(벨트, 기어, 축, 체인 등) 등을 별실 또는 구획된 장소에 격리하며, 기계 장비 및 부수되는 배관 등을 안전한 색깔로 구분하는 방법이 있다.

(2) 기능의 안전화

최신의 실험기계는 전기, 유압 및 공압 등에 의한 반자동 또는 자동제어장치를 갖춘 것이 많다. 이와 같은 자동화 설비를 구입하거나 사용하고자 할 때는 다음과 같은 점들을 검토해야 한다.

① 전압 강하 및 정전에 따른 오동작
② 단락 또는 스위치나 릴레이(relay) 고장에 따른 오동작
③ 사용 압력이 변동할 때 일어나는 오동작
④ 밸브 계통의 고장에 따른 오동작

기계의 고장에는 초기 고장, 우발 고장과 마모 고장이 있다. 자동화 설비를 사용할 때는 평소에 이러한 고장이나 이상 사태 발생에 대비하여 이상 시 기계의 급정지나 회로의 개선 등 적절한 대책을 강구해 두어야 재해를 방지할 수 있다.

(3) 구조의 안전화

실험기계를 설계할 때는 그 기계의 운전에 걸리는 부하를 예측하여 적절한 재료의 강도를 유지하고, 재료 자체의 결함이 없도록 하며, 열처리나 가공을 정확하게 하여 구조적으로 안전하게 만들어야 한다. 기계의 구조적 결함은 여러 가지 기계적 사고의 직접적인 원인이 되므로 이러한 결함이 발생 되지 않도록 재료의 선정, 기계의 설계나 가공 등에 신중을 기해야 한다.

(4) 실험(작업)의 안전화

실험 중의 안전은 그 기계설비가 자동, 반자동 또는 수동인가에 따라 다르다. 따라서 기계 또는 장비의 구조, 작업 환경을 검토하고 위험 요소를 제거하거나 제어하여 안전작업이 이루어지도록 해야 한다. 또한 조명, 소음, 기계류의 표시나 배치, 충분한 작업 공간 확보, 작업대나 의자의 높이 적정화 등 인간공학적인 요소도 고려해야 한다.

(5) 실험 기계 보전의 안전화

실험 기계를 제대로 보전하기 위해서는 기계를 제작할 때, 보수 등을 전제로 설계해야 한다. 이론적으로는 보수가 필요 없는 기계를 설치하는 것이 이상적이겠지만 최소한 점검과 보수 등이 손쉽게 이루어질 수 있어야 한다. 또한, 실험 기계의 보전 작업 목적상 분해를 하거나 방호장치를 해체했을 때는 위험성이 갑자기 나타나는 경우가 있으므로 이를 사전에 방지해야 한다.

다. 기계설비의 방호 방법

(1) 방호 원리

기계·기구 및 설비는 많은 위험요인이 있어서 이러한 요인에 의해 상해가 발생 될 수 있다. 방호 원리는 이러한 위험요인을 원천적으로 봉쇄하여 위험에 의하여 인체나 설비 등을 보호하는 모든 기술적, 관리적 방법을 말한다.

기계설비의 방호 방법으로는 위험원의 봉쇄, 위험으로부터의 차단, 위험 상태의 삭감(덮어씌움), 위험에 대한 적응 등이 있다.

(2) 방호장치

기계·기구 및 설비를 사용할 경우, 작업자에게 상해를 입힐 우려가 있는 부분으로부터 작업자를 보호하기 위하여 일시적 또는 영구적으로 설치하는 기계적 안전장치를 방호장치라 한다. 방호장치는 제거, 설치, 조정 및 정비가 가능해야 하고, 그 성능이 정확해야 한다. 방호장치는 어디까지나 작업자를 보호하는데 그 의의가 있으므로 작업자의 작업을 방해해서는 안 된다.

기계설비에 많이 쓰이는 방호장치는 다음과 같은 것이 있다.

① 격리형 방호장치(가드, 방호울 등)
② 위치 제한형 방호장치
③ 접근 거부형 방호장치
④ 접근 반응형 방호장치
⑤ 포집형 방호장치
⑥ 감지형 방호장치

라. 공구류의 안전 작업

공구류는 해머와 정, 스패너, 줄, 드라이버, 쇠톱, 휴대용 전동공구, 휴대용 공기공구 등이 있다. 공구의 안전관리는 공구를 공구함 등 원래의 장소에 보관하는 것이 그 관리의 출발점이다. 공구에 의한 재해를 방지하기 위해서는 작업에 적합한 공구를 가장 좋은 상태에서 올바로 사용하는 것이다.

수공구 재해의 일반적인 대책을 열거하면 다음과 같다.

① 작업에 적합한 공구를 사용한다.
② 결함이 없는 공구를 사용한다.
③ 공구를 올바르게 사용한다.
④ 공구는 안전한 장소에 둔다.

CHAPTER

04

전기안전 분야

학습내용

1. 개요
2. 전기의 위험성
3. 전기화재
4. 정전기
5. 전기의 안전 사용

1 개요

전기에너지로 인한 사고는 크게 분류하면 감전 사고와 전기화재로 나눌 수 있다. 일반적으로 감전 재해는 다른 재해에 비하여 발생빈도는 낮으나 일단 감전되면 사망위험이 크다. 감전 사고는 인체에 전류가 흘러 심장의 박동이 정지되어 사망에 이르게 된다. 감전의 원인은 크게 4가지로 나눈다. 충전부의 접촉이나 누전, 절연열화, 정전유도, 전자유도 등을 들 수 있다.

이 중 가장 일반적인 감전 재해는 충전부에 접촉되거나 누전되는 전기설비나 전기·기계기구에 접촉되어 발생한다. 감전 재해는 계절적으로 습기가 많은 여름철에 집중적으로 발생하고 600 V 이하의 저압에서 전기에 대한 지식이 부족한 사람들에게서 많이 발생한다. 그러므로 지금 사용하고 있는 전기설비에서 전기재해가 장기간 발생하지 않았다 하더라도 감전 재해를 방지하기 위한 조치에 소홀하여서는 안 된다. 감전 재해 방지의 기본은 제일 먼저 위험전류가 인체에 흐르지 않도록 하는 것이다. 직접 인체와의 접촉점이 되기 쉬운 노출 충전부를 절연하거나 충전부를 격리하는 등 전기설비 기기의 안전대책이 기본이다. 가장 중요한 것은 정기적인 보수, 점검을 통하여 전기설비나 전기기계 기구를 적정한 상태로 유지하고, 이상 상태가 발견되면 즉시 보수하도록 한다. 아울러 실험자들에게 정기적인 교육을 통하여 전기의 위험성에 대한 기초지식을 익히게 하고, 전기를 취급할 때 주의할 사항, 작업자의 안전대책을 잘 알도록 주지시킨다.

2 전기의 위험성

일반적으로 감전 재해는 다른 재해에 비해 발생률은 낮으나 일단 재해가 발생하면 치명적인 경우가 많으며 다행히 목숨을 건지더라도 불구가 되는 경우가 많다. 이것은 감전되었을 때 호흡정지, 심장마비, 피부 손상 등을 당하게 되고 전기적 충격에 의해 2차로 추락 등이 발생하기 때문이다.

가. 인체의 전기적 특성

사람이 감전되었을 때 그 위험도는 ① 인체에 흐르는 통전전류의 크기, ② 통전시간, ③ 통전경로, ④ 전원의 종류에 의해 결정된다.

먼저 통전전류에 의한 영향을 보면 다음과 같다.

① 최소 감지전류

교류에서 이 값은 1 mA 이하로 인체에 아무런 위험이 없다.

② 이탈전류

고통을 참을 수 있는 정도의 전류로 자신의 의지로 감전된 전기설비로부터 스스로 이탈이 가능한 전류이며 성인 남자의 경우 약 7~8 mA이다.

③ 마비한계전류

통전전류가 증가하면 근육 경련이 일어나고 신경이 마비되어 스스로 이탈할 수 없는 전류로 10~15 mA 정도이다.

④ 심실세동 전류

심장의 맥박에 영향을 주어 혈액순환이 곤란해지고 결국 심장이 멈추는 현상을 말하며 이러한 위험을 일으키는 전류를 심실세동 전류라 한다. 이러한 상태를 그대로 놔두면 수 분 이내에 사망하게 되므로 즉시 인공호흡을 실시한다.

표 4.1 전격전류와 인체 반응

종류	인체 반응	전류치[mA]
최소감지전류	찌릿함을 느끼는 정도	0.5~1
이탈전류	접촉된 전원으로부터 자신의 의지로 이탈이 가능한 최대한도의 전류 (참을 수 없을 정도로 고통)	7~8
불수전류	전격을 받았음을 느끼면서도 스스로 그 전원으로부터 이탈할 수 없는 전류(근육수축이 격렬)	10~15
심실세동전류	심장의 기능을 잃게 되어 전원으로부터 떨어져도 수 분 이내 사망	$165/\sqrt{t}$

나. 통전경로의 영향

인체 감전 시의 영향은 전류의 경로에 따라 그 위험성이 달라지며, 전류가 심장 또는 그 주위를 통하게 되면, 심장에 영향을 주어 더욱 위험하게 된다.

즉, 인체에 전류가 통과하게 되면, 심실세동이 일어날 수 있는 것은 물론이고, 통전경로에 따라서는 그보다 낮은 전류에서도 심실세동의 위험성이 있으며 이에 대한 것을 심장전류계수로 나타내면 다음과 같다.

표 4.2 통전 경로별 심장전류계수

통전 경로	심장전류계수[K.H]
① 왼손 - 가슴	1.5
오른손 - 가슴	1.3
왼손 - 한발 또는 양발	1.0
② 양손 - 양발	1.0

* K.H : KILL OF HEART

위의 표에서 심장전류계수가 클수록 위험도가 높아진다. 예를 들면 ① '왼손과 가슴'간에 53 mA의 전류가 통전 될 때와 ② '양손과 양발'사이에 80 mA의 전류가 흐를 때의 위험도가 서로 동일하다.

'왼손과 가슴(심장)'으로 전류가 통과할 때 가장 위험하고, 오른손보다는 왼손이 통전경로가 되는 경우, 심장을 통과할 가능성이 높으므로 더 위험하다.

①의 경우 위험도 : 53 mA × 1.5 = 80 mA

②의 경우 위험도 : 80 mA × 1.0 = 80 mA

다. 접촉전압의 허용한계

인체를 통과하는 전류와 인체 저항의 곱이 인체에 가해지는 전압이며, 이것을 접촉전압이라고 한다. 전격의 위험성은 이 접촉전압의 크기와 전격 시간과의 곱에 비례하게 된다.

위험한 장소에서의 안전전압의 한계로 일본의 경우 「전압전로 지락보호지침」에서는 접촉상태에 따라 아래와 같이 제시하고 있다.

표 4.3 안전전압의 한계

종별	접촉상태	허용접촉전압[V]
제1종	• 인체의 대부분이 수중에 있는 상태	2.5
제2종	• 인체가 현저하게 젖어 있는 상태 • 금속성의 전기·기계기구나 구조물에 인체의 일부가 상시 접촉되어 있는 상태	25
제3종	• 건조한 통상의 인체 상태로써 접촉전압이 가해지더라도 위험성이 낮은 상태	50
제4종	• 건조한 통상의 인체 상태로써, 접촉전압이 가해지더라도 위험성이 낮은 상태 • 접촉전압이 가해질 우려가 없는 경우	제한 없음

(1) 접지되어 있으면 안전한가?

종래, 이러한 종류의 감전방지는 접지를 해두면 안전하다고 알고 있었지만 절대로 안전하지 않다는 것이 입증되었다. 즉, 접지 상태에 따라서 접지 저항값이 문제가 되므로 경우에 따라서는 반드시 누전차단기의 설치를 하여야 220 V를 사용하는 안전을 확보할 수 있다.

(2) 어느 정도의 전류가 흐르면 감전되는가?

① 감전에는 정상상태에서는 아무렇지도 않은 전기기기의 금속부와 대지 간에 그 전기기기의 절연이 파괴됨으로써 발생하는 전압(접촉전압이라고 한다)에 사람이 접촉하여 인체에 의해 플래시오버 함으로써 발생하는 감전과 또 활선 상태의 배선 또는 전기기기의 노출 충전부에 직접 접촉함으로써 발생하는 감전이 있다.

② 그러면 어느 정도의 전류가 인체에 흐르면 감전되는가를 알아보면 의외로 미소한 전류(약 5 mA 이상)로 감전상태가 되는 것을 볼 수 있다.

라. 저압의 위험성

심실세동을 야기하는 전류가 통전시간 1 sec이라는 전제에서 80 mA~4 A의 범위라는 것은 사람의 접촉 저항을 1,000 Ω으로 하였을 경우 다음과 같다.

① 접촉전압 80 V의 경우 80 mA
② 접촉전압 150 V의 경우 150 mA
③ 접촉전압 4,000 V의 경우 4,000 mA = 4 A

위의 표와 같이 저압기기의 누전상태에 사람이 접촉하였을 경우에 바로 심실세동을 일으키는 범위 내에 들게 된다.

마. 전격에 의한 인체 상해

감전에 의한 사망의 대부분은 감전 사고 발생 직후에 사망하는 것인데, 이는 충전부에 손, 신체 등이 접촉되어 흐르는 전류가 심장을 관통하여 생기는 경우가 많으며 죽음을 불러오는 사망 원인의 대부분은 심실세동에 의한 것이다.

감전이 되었을 경우 심장의 근육은 경련을 일으키며 펌프작용을 정상적으로 하지 못하게 되어 혈액순환이 정지되므로 호흡도 멈추게 되어 사망하게 된다.

심장과 호흡작용은 서로 밀접한 관계가 있으므로 감전에 따른 의식불명 시는 즉시 응급처치를 하여야 하며, 응급처치에는 심폐소생술과 인공호흡법 등이 있다.

3 전기화재

가. 전기화재 발생원인

전기는 기본적으로 전선이 회로를 구성하여 흐르게 되는데, 전선에 너무 많은 양의 전류가 흐르거나, 전류가 전선 밖으로 흐르게 되면 화재 또는 감전 등의 사고를 발생시킨다. 전류가 전선 밖으로 흐른다는 것은, 누전 즉, 아크, 스파크를 말하는 것인데 이러한 전기에 의한 점화원을 구체적으로 열거하면 다음과 같다.

나. 전기 점화원

(1) 과부하 전류

전선에 전류가 흐르면 줄열(H-12Rt)이 발생 되는데, 발생 된 열이 충분히 방열 되면 발화의 위험이 없으나, 열이 축적되어 상승하게 되면 점화원으로 작용할 수 있다. 이를 위해 각각의 전선은 그 전선의 특성 및 사용조건에 따라 안전하게 흘릴 수 있는 최대 전류가 결정되는데, 이를 전선의 허용전류라 하며, 이 전류를 초과하여 큰 전류가 흐르는 것을 과부하 전류라 한다.

즉, 허용전류를 초과하여 전류가 계속 흐르면 전선이 과열되어 피복이 열화될 우려가 있으며 (전선의 피복이 합성수지인 경우는 피복이 얇아져서 단락될 수 있음), 과전류가 더욱 심해지면 급격히 과열되어 동시에 발화되는 경우도 있다.

실험에 의하면 온도, 장소 등에 따라 현저히 차이가 있으나 일반적으로 비닐절연전선의 경우 2~3배의 과전류에서 피복이 변질·변형·탈락되고, 5~6배 정도에서 전선이 과열된 후 용융된다고 한다.

(2) 단락(합선)

전선피복이 벗겨지거나 전기설비의 절연이 파괴되어 두 가닥의 전선이 직접 또는 낮은 저항으로 접촉되면 전류가 전선에 연결된 전기기기 쪽보다는 저항이 적은 접촉 부분으로 대규모의 사고전류 즉, 단락전류가 흐르게 되는데 이러한 현상을 단락(short, 합선)되었다고 하며, 사고전류에 의한 고열과 아크를 동반함으로써 점화원으로 작용하게 된다. 이러한 단락에는 다음과 같이 완전단락과 불완전 단락으로 구분하여 설명할 수 있다.

① 완전단락

두 가닥의 전선이 직접 접촉되어 완전한 합선이 일어나면 순간적으로 많은 열이 발생하여 합선 지점을 용단시키게 되며, 이때의 단락전류는 수천 암페어가 된다.

이 경우 전원 측에 적절한 용량의 퓨즈나 배선용 차단기가 설치되어 있으면, 전선 등에 불이 붙기 전에 퓨즈나 배선용 차단기가 신속하게 전류를 차단시킬 수 있으나, 미설치 시에는 화재·폭발로 연결될 수 있다.

② 불완전 단락

전선 상호 간의 절연이 극도로 나빠지면 전선피복이나 절연물 표면이 서로 근접된 부위에 상당히 큰 전류가 흘러 발화되는 경우가 있는데 이는 처음 전선피복이 상한 곳에서 가벼운 단락사고로 아크가 발생하고 이 아크에 의해 절연피복이 탄화되어 점화원으로 작용한다.

(3) 누전

넓은 의미의 누전이란 마치 수돗물이 누수 되듯 전류가 정상적인 경로를 통하지 않고 그 이외의 경로로 빠져나가는 현상을 총칭하며, 구체적으로는 전선의 피복 또는 전기기기의 절연물이 열화되거나 기계적인 손상 등으로 인해 전류가 금속체를 통하여 대지로 흘러나가는 현상을 의미한다.

일단 충전부와 대지 사이에 누전 경로가 형성되면 그 누설전류로 인해 열이 발생하여 절연물이 국부적으로 파괴되며 이로 인해 누전상태는 점점 악화되고, 이는 더욱 누설전류를 크게 하여 발열량을 누적시킴으로써 결국 점화원으로 작용하게 된다.

일반적으로 불이 붙기 좋은 조건하에서 발화까지 유발할 수 있는 누설전류의 최소치는 0.3~0.5 A로 보고 있으나 보통은 주위의 여건에 따라 수~수십 A 정도에서 발화하는 경우가 많으며, 소요 시간 또한 수십 분에서 수개월 이상 걸리기도 한다.

누전의 위험성은 감전으로 인한 인체 전격뿐만 아니라 전기화재로 빈번히 연결된다는 점이며 이를 위해 화재방지 측면에서 누설전류의 한계치는 최대 전류의 1/2,000을 넘지 못하도록 규정하고 있다.

(4) 반단선

반단선이란 전선이 절연피복 내에서 끊어짐과 이어짐이 반복되는 상태, 또는 완전히 단선되지 않을 정도로 심선(또는 소선)의 일부가 남아있는 상태를 말하며, 코드에 반단선이 발생하게 되면 다음과 같은 현상이 발생하게 된다.

① 코드가 움직일 때마다 전기설비의 동작, 부동작이 반복됨
② 부하상태에서 단선 부분을 움직이면 내부에 아크가 발생 되고 약한 음이 발생됨
③ 단선 부분의 피복에 열이 발생하며, 이상한 냄새가 남

반단선을 대부분 코드에서 발생되는 물리적 단선이기 때문에 단선 간격이 짧아 코드가 움직일 때마다 끊어짐과 이어짐이 반복되며 이로 인한 아크가 연속적으로 발생하게 된다. 이러한

상태에서 장시간 사용 시간이 지속되면 절연피복 내부에 탄화된 부분으로 전류가 흐르기 시작하여 결국 선간단락으로 진행되거나 1차 단선된 전선의 일부가 용착되어 코드가 국부적으로 과열되기도 한다.

(5) 전기아크

개폐기로 전기회로를 개폐할 때나 퓨즈가 용단 될 때는 아크가 발생하게 되는데 특히 회로를 닫을 때보다는 끊을 때, 교류보다는 직류인 경우에 더욱 심하고 아크도 연속되기 쉽다. 이 경우 주위에 인화성 물질이나 가연성가스 등으로 폭발분위기기 조성된다면 점화원으로 작용하여 화재·폭발로 연결되게 된다.

(6) 절연열화

배선 또는 기구의 절연체는 그 대부분이 유기질로 되어 있는데 일반적으로 유기질은 장시간 경과할 경우 열화되어 절연저항이 저하된다. 특히, 유기질 절연체는 공기의 유통이 불량한 곳에서 고온상태로 가열될 경우 탄화 과정을 거쳐 도전성을 띠게 되며 여기에 전압이 걸리게 되면 전류로 인한 발열로 탄화현상이 더욱 촉진되게 되고 결국 유기질 자체가 타거나 인근 가연물에 착화되는데 이를 "절연열화에 의한 탄화현상"이라 한다.

(7) 접속부 과열

전선과 전선, 전선과 단자 또는 접속편 등의 도체에 있어서 접촉이 불완전한 상태로 전류가 흐르게 되면 접촉 저항에 의하여 접촉부가 발열하게 되며 이는 점화원으로 작용할 수 있다. 구체적으로 이러한 국부적 발열 부분(접촉부)은 열팽창 및 수축이 반복되면서 전기적으로 아산화동(산화 제1철)이 생성되고 이로 인해 발열부는 더욱 거칠어져 접촉 저항이 급격히 증가하면서 적열 상태에 이르게 되어 결국 주위의 절연물을 발화시키게 된다.

(8) 정전기

정전기는 물질의 마찰에 의해 발생 되는 것으로써 정전기의 크기 및 극성은 대전서열에 의해 결정된다. 정전기가 점화원으로 작용하는 경우는 화재·폭발 위험분위기에서의 정전기의 방전에 기인하며 발광의 형태 및 강도에 따라 일반적으로 코로나 방전, 브러시 방전(스티리머 방전), 불꽃방전, 연면 방전 등으로 구분할 수 있다.

나. 전기화재 예방대책

(1) 전기기기의 올바른 사용

모든 전기기기는 전압, 전류 등의 전기에 관한 정격이 있으며, 사용하는 방법이 각각 다르게 되어 있다.

가장 기본적인 것은 정격을 준수하여 적합한 전원에 연결하고 과부하가 발생 되지 않도록 사용하는 것이며, 작동하는 방법도 제작회사에서 표시한 내용을 숙지하여 취급한다.

(2) 과전류 보호

전기기기를 사용하게 되면 노후로 인하여 열화되기 마련이며 예기치 못한 사고가 발생 되기도 한다. 주기적으로 점검·보수하는 것이 필요하지만 한계가 있기 때문에 사로를 보호하기 위한 퓨즈, 차단기, 보호계전기 등의 보호장치가 전기기기에 따라 적절히 선정되어 설치되어야 한다.

전선의 경우에는 전선을 보호하기 위한 보호장치를 설치하는 것 이외에 선의 허용전류 기준에 따른 전류정격을 준수해야 하며, 나아가 전선이 연결되는 단자의 온도 정격에 따라 전선에 전류를 흐르게 하는 것이 필요하다.

(3) 전기·기계기구의 방폭화

인화성 물질을 취급하는 장소는 폭발위험장소로 구분하여, 구분도를 작성 관리하여야 한다. 폭발위험장소는 0종, 1종, 2종으로 구분되며 이에 적합한 방폭구조 전기·기계기구를 아래와 같이 사용해야 한다.

(4) 일상·정기점검 강화

전기·기계기구는 사용함에 따라 여러 가지 요인에 의하여 열화 또는 고장이 발생하게 된다. 따라서 매일 주기적으로 이상 유무를 점검하여 화재·폭발 요인의 사전제거가 필수적이다.

(5) 적정한 안전설계 및 공사

화재·폭발의 요인 중 전기에 의한 점화원을 효과적으로 관리하는 방안이 있지만 무엇보다도 전기기계·설비의 설계 및 공사단계에서 충분한 용량의 기기 및 배선을 선정하여 설치하되 안전규정에 따라 공사가 이루어져야 그 수명과 안전성이 확보될 수 있다. 따라서 설계단계에서의 안전과 올바른 공사가 병행되어야 한다.

4 정전기

가. 정전기 이론

물질 내부에는 그 물질을 구성하는 입자 사이를 자유롭게 이동하는 자유전자와 그 입자들 사이에서 전기적인 힘에 의하여 구속되어 있는 구속전자가 있다. 이러한 물질에 마찰 등의 변화를 주게 되면 자유전자가 이동됨으로써 전기적으로 중성인 물질이 +, -로 극성을 띄게 된다. 즉 자유전자를 방출한 물질은 + 극성으로, 자유전자를 입수한 물질은 - 극성으로 분리됨으로써 정전기가 발생 되는 것이다.

전자 하나의 전하량은 1.6 × 10 C 으로 아주 적지만 상대적으로 전자의 개수가 많음으로 인하여 물질에 조금만 변화를 주어도 수천 V의 정전기가 발생 된다.

나. 정전기 발생

(1) 발생 메커니즘

일반적으로 정전기는 고체는 물론이고 액체와 기체에서도 발생한다. 〈그림 4.1〉과 같이 서로 다른 두 물체가 접촉되었다 분리될 때 두 물체의 표면에 정전기가 발생하는데 접촉면에서의 전기 이중층의 형성과 전기 이중층의 분리에 의한 전위상승 및 분리된 전하소멸의 3단계로 나누어지며, 대전현상은 이 3단계 과정이 연속적으로 일어날 때 발생한다.

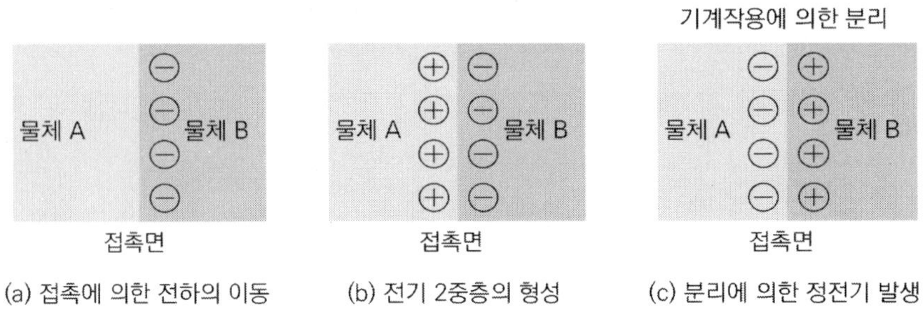

그림 4.1 접촉·분리에 의한 정전기 발생
(출처 : 전기재해 예방 p.36, 한국산업안전공단)

(2) 정전기 발생에 영향을 주는 요인

① 물체의 특성

〈표 4.4〉의 대전서열의 예시에 나타낸 것처럼 접촉·분리하는 두 가지 물체의 종류 및 조합에 의해 발생하는 정전기의 크기 및 극성이 영향을 받는다.

② 물체의 표면 상태

정전기의 발생 현상은 표면 또는 경계면에서의 현상이므로, 물체의 표면 상태가 정전기의 발생에 크게 영향을 미친다. 일반적으로 표면이 거칠 때와 수분, 오염, 산화물 등이 표면에 존재할 때 정전기의 발생이 증가한다.

③ 물체의 이력

물체의 정전기 발생 또는 대전 이력은 물체표면에 물성 변화, 대전 상태 등에 따라 정전기의 발생이 영향을 받는다. 일반적으로 첫 회 및 초기에서 발생이 크고, 대전의 반복 및 지속에 의해 발생이 작아진다.

④ 접촉면적 및 압력

접촉면적은 정전기의 발생 범위에 관계되기 때문에, 접촉면적이 크면 클수록 정전기의 발생이 증가한다. 접촉 압력도 크면 정전기의 발생이 증가한다.

⑤ 분리속도

접촉 후에 물체가 분리되는 속도는 전하 분리에 부여되는 에너지에 관계되기 때문에, 분리속도가 크면 정전기의 발생이 증가한다.

정전기 현상에서 오는 대전의 +, -를 조사하여 보면 접촉, 분리하는 상대 물질의 종류에 따라 양전하나 음전하가 발생 된다. 이들 물질을 나열하여 보면 〈표 4.4〉와 같으며, 이를 대전계열(Triboelectricity series)이라 한다.

(4) 정전기 대전을 줄이는 방법

① 접촉면 줄이기

정전기 대전은 표면현상이기 때문에 분리되는 고체의 접촉면을 감소시키면 대전전하의 양은 감소한다. 그 하나의 예로 분리공정에서 대상물질의 표면을 줄이기 위해 롤러의 표면을 약간 거칠게 할 필요가 있다.

② 분리속도의 영향

정전기 재해의 위험성을 피하기 위한 안전 측면의 관점에서 물체의 분리속도를 가능한 한 낮추는 것이다. 분리속도가 대략 1m/sec 이하일 때는 물체의 표면저항이 100 GΩ 이하면 되나, 고속 공정기구(예 : 가동 중인 신문 윤전기에서의 종이)는 보다 낮은 저항값을 가져야 한다.

③ 유전(절연)계수

정전기 대전의 발생은 제일 먼저 대전물질의 전자 일함수에 따라 좌우된다. 그러므로 정전기 대전 경향을 줄이는 확실한 방법은 가능한 전자 일함수가 서로 차이가 나지 않는 물질을 선택하는 것이다. 낮은 유전계수를 가진 물질들은 음극으로 대전되는 반면, 높은 유전계수를 가진 물질들은 양극으로 대전된다는 것이다. 즉, 〈표 4.4〉에서 서로 멀리 떨어져 있는 물질 간에 분리될 때 많은 정전기를 발생하고, 가까이 있는 물질들은 서로 분리될 때 적은 양의 정전기를 발생시킨다.

④ 표면 저항률의 감소

정전기 대전을 감소시킬 수 있는 유일한 가능성은 전기저항을 감소시키는 것이다. 비도전성 물체의 분리 과정에서 발생 된 전하들을 관련물체의 표면저항률에 따라 소산되기 때문이다. 물체의 저항에 따라 일부 전하는 지면과의 접지체를 경유하여 대지로 흘러 들어가 소멸된다. 표면 저항률 다음으로 체적저항률이 정전기 대전에 영향을 미치게 된다.

⑤ 공기 중 습도의 영향

표면저항은 공기 중 습도에 따라 크게 달라진다. 즉 습도는 시험조건과 설비의 운전조건이 크게 달라지는 경우 중요한 오인으로 작용한다. 공기 중 습도의 일부가 절연체에 의해 흡수되어 절연체의 정전기적 특성에 영향을 준다.

다. 물질의 특성

(1) 대전서열

정전기가 축적되는 것을 대전이라 하는데 물질의 특성에 따라 대전되는 극성이 다음과 같이 나타난다. 서열이 떨어질수록 두 물질의 마찰시 발생하는 전하는 크게 된다.

그러나 주위 환경, 물질의 표면 상태에 따라 대전서열대로 안 되는 경우가 있다.

표 4.4 대전서열

금속	섬유	천연물질	합성수지
(+)	(+)	(+)	(+)
		아스베스트	
		인모, 모피	
		유리	
		운모	
	양모		
	나일론		
	레이온		
납			
	견		
	목면	면	
	마		
		목재	
		사람 피부	
	유리섬유		
아연	아세테이트		
알루미늄			
		종이	
크롬			
			에보나이트
철			
동			
니켈			
금		고무	
	비닐론		
백금			
	폴리에스테르		
	아크릴		
			폴리에틸렌
	폴리염화비닐	셀룰로이드	
		셀로판	염화비닐
			폴리 테트라플로로 에틸렌
(-)	(-)	(-)	(-)

표의 대전계열 중 두 개의 물질을 마찰 또는 박리할 때, 위쪽의 물질이 정극성(+)으로 대전하고, 아래쪽의 물질이 부극성(-)으로 대전한다. 이 대전량은 대전계중의 위치가 멀러 떨어질수록 커진다.

(2) 물질의 전기적 특성

물질의 대전현상은 전하가 방출되는 정도에 따라 좌우된다. 축적된 전하가 천천히 방출되면 대전물질이 높은 전압을 유지하게 되고 반면에 전하를 급속히 방출하면 큰 방전전류를 야기하게 된다.

물질을 전하의 방출 측면으로 분리하면, 절연체, 대전방지제, 도체로 분리할 수 있다.

① 도체 : 금속, 해수 카본

② 대전방지제 : 자연섬유, 면, 목재

③ 절연체 : 플라스틱, 고무, 합성섬유

라. 정전기 방전

정전기는 물질의 마찰에 의해 발생 되는 것으로써 정전기의 크기 및 극성은 대전서열에 의해 결정된다. 정전기가 점화원으로 작용하는 경우는 화재·폭발 위험분위기에서의 정전기의 방전에 기인하며 발광의 형태 및 강도에 따라 일반적으로 코로나 방전, 브러시 방전(스트리머 방전), 불꽃 방전, 연면 방전 등으로 구분할 수 있다.

(1) 코로나 방전

가는 도전체 (직경이 5 mm 이하)가 고전위로 축적되거나 접지도체가 고전계 영역에 있을 때 발생하는 방전현상을 말하며, 미약한 발광과 소리를 낸다. 이 방전은 대전물체에 저장된 에너지의 크기에 관계 없이 방전에너지가 적기 때문에 대부분의 가스나 증기를 점화시키지 않는다.

(2) 브러시 방전(스트리머 방전)

곡률반경이 큰 도체(직경 10 mm 이상)와 절연물질(고체, 기체) 또는 저도전율의 액체 사이에서 대전량이 많을 때 발생하며 일종의 코로나 방전이나 방전 에너지가 4 mJ까지 될 수 있으므로 폭발분위기 접촉 시 화재·폭발을 일으킬 수 있다.

(3) 불꽃 방전

불꽃방전은 표면전하 밀도가 아주 높게 축적되어 분극화된 절연판 또는 도체가 대전 되었을 때 접지된 도체 사이에서 발생하며 강한 발광과 파괴음을 수반하여 폭발분위기 접촉 시 화재·폭발을 일으킬 수 있다.

(4) 연면 방전

연면방전은 드럼이나 사일로(Silo) 내의 분진이 높은 전하를 갖고 있는 경우, 크게 대전 된 엷은 층상의 대전 된 부도체의 뒷면에 접지체가 근접해 있을 경우 대전체 표면에서 발생하는 방전을 말하며 불꽃 방전과 마찬가지로 폭발분위기 접촉 시 화재·폭발을 일으킬 수 있다.

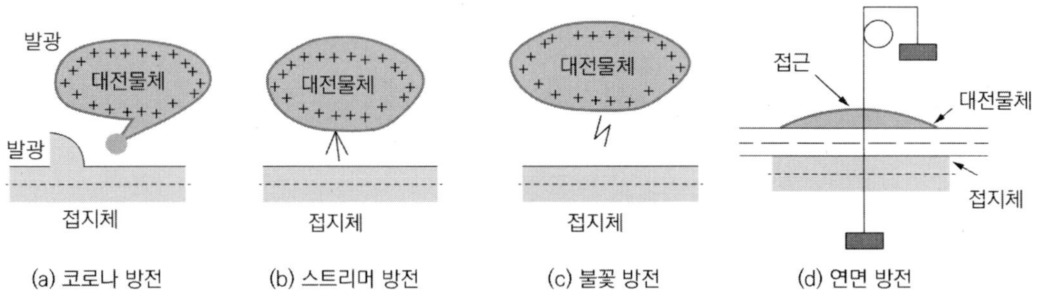

그림 4.2 정전기 방전의 종류

(출처 : 전기재해 예방 p.41, 한국산업안전공단)

마. 정전기 방지 대책

(1) 접지 및 본딩

도전성 물체는 직접 접지하거나 접지된 타 물체에 본딩시키며 정전기를 완화시킬 수 있다. 땅 위에 세워진 큰 저장 탱크, 지하매설 배관 등은 전력설비 접지를 이용하여 아주 낮은 저항으로 접지해야 하는데, 인체 또는 이동형 물체는 10 Ω으로 접지해야 한다.

(2) 가습

장마철과 같이 주위에 습기가 많을 경우 대전 된 물체는 지속적으로 전하를 대기롤 방출하게 되어 정전기가 문제되지 않는다.

상대습도 50% 이상이면 물질은 충분한 양의 수분이 함유된 상태로 평형이 이루어지고 정전기의 축적을 방지하는데 충분한 도전성을 갖게 된다. 반대로 30% 이하이면 물체가 건조되어 양질의 절연체가 될 수 있고 따라서 정전기가 축적되기 쉽다.

(3) 도전성 증가

정전기는 절연체에 축적되기 쉬우므로, 물질의 도전성을 증가시킴으로써 정전기를 완화할 수 있다. 프라스틱 PVC와 같은 절연체는 접지하여도 효과가 없으므로 카본블랙 등을 첨가하여 도전성을 향상시키는 방법이 있으며 액체 연로인 경우 도전성 첨가제가 사용되고 있다.

(4) 이온화

대전된 물체의 주위 공기를 +, - 로 이온화시키면 대전된 전하가 +일 경우 공기의 - 와 결합하고, 반대로 전하가 - 일 경우는 주위 공기의 +와 결합됨으로써 정전기가 완화된다.

5 전기의 안전 사용

가. 전기의 안전 사용

(1) 일반사항

① 전기스위치 부근에 인화성, 가연성 용매 등을 놓아서는 안 된다.

② 스위치함(분전반) 내부에 실험 기자재 등 불필요한 물건을 보관해서는 안 된다.

③ 전동기 등의 전기장치에 스파크나 연기가 나면 즉시 전원 스위치를 끄고 전기담당부서에

연락한다.

④ 모든 스위치는 사용처, 이름을 명기해야 한다.

⑤ 전기수리 또는 점검할 때는 “수리 중”, 점검 중“ 표시를 하고 관계자 이외는 출입금지를 시켜야 한다.

⑥ 접지선은 확실하게 접속해야 한다.

⑦ 스위치, 배전반, 전동기 등 전기기구에 가연성 물질이 닿지 않도록 한다.

⑧ 스위치 개폐는 접속 부분의 안전을 확인하고 확실히 접속한 다음 개폐해야 한다.

⑨ 배선의 용량을 초과하는 전기기기를 사용해서는 안 된다.

⑩ 승낙 없이 임의로 전기배선을 접속 사용하지 않는다.

⑪ 결함이 있거나 작동상태가 불량한 전기기구는 사용하지 않는다.

⑫ 전원으로부터 플러그를 뽑을 때는 선을 잡아당기지 말고 플러그 전체를 잡아당겨야 한다.

(2) 전기기기의 공통적 일상점검 요령

① 습기나 물기가 많은 곳에서 전기를 사용할 때는 기계기구가 접지시설이 되어 있어야 하고 또한 손과 발에 물기가 없어야 한다.

② 전기기기 사용을 위한 코드나 배선기구는 용량과 규격에 맞는 것을 사용한다.

③ 누전으로 인한 화재나 감전 사고 예방의 기본장치인 누전차단기는 월 1회 이상 시험 버튼으로 정상 작동 여부를 확인한다.

④ 노후 된 전기설비의 계속 사용은 누전, 합선, 감전 사고의 위험이 매우 높으므로 반드시 개·보수하여 사용한다.

⑤ 무자격자에게 전기설비의 개·보수를 의뢰하는 경우 더 위험한 결과를 불러올 수 있으므로 반드시 전기담당부서에 의뢰한다.

나. 전기안전 작업 요령

① 장비를 점검하기 전에 회로의 스위치를 끄고, 플러그가 있는 장비는 플러그를 뽑는다. 스위치를 끌 때는 가급적 절연장갑을 착용하고 오른손을 사용하며, 얼굴을 스위치 상자로 향하지 않게 하고 손잡이를 내린다.

② 전기설비를 작업할 때 공구나 비품의 손잡이는 부도체로 된 것을 사용한다.

③ 전기장치의 충전부 전기가 흐르는 부분은 절연을 한다.
④ 전원에 연결된 회로배선은 임의로 변경하지 않는다.
⑤ 작업공간은 충분히 확보하고 항상 청결을 유지한다.
⑥ 플러그를 전원에 연결한 채 회로변경 작업을 하지 않는다.
⑦ 회로가 확실하게 연결되어 있지 않으면 플러그를 전원에 꽂지 않는다.
⑧ 젖은 손이나 물건으로 회로에 접촉하면 안 된다.
⑨ 전기설비에 연결된 접지선의 접속을 확인한다.
⑩ 연결 코드선은 가능한 짧게 사용한다.
⑪ 전기설비 근처에서는 가연성 용재를 사용하지 않는다.
⑫ 다중콘센트는 가능한 한 사용하지 않도록 한다. 만일 추가 콘센트가 필요하다면 전기담당 부서에 의뢰해서 설치해야 한다.
⑬ 전기배전반의 진입로와 스위치 앞에는 장애물이 없도록 한다.

CHAPTER

05

화학안전 분야

학습내용

1. 유해화학물질의 개요
2. 유해화학물질의 화재 위험성
3. 유해화학물질의 폭발 위험성
4. 유해물질의 중독 위험성
5. 유해화학물질의 취급 및 관리방법

1 유해화학물질의 개요

유해화학물질이란 물리적 위험성과 화학적 위험성, 즉 화재 및 폭발, 중독 위험성을 갖는 화학물질들을 말한다. 또한 물질이 갖고 있는 고유의 위험성과 독성으로 인하여 인간 및 자연에 피해를 주는 잠재적인 위험성이 높은 물질이라고 정의할 수 있다. 일반적으로 물리적 위험성 또는 건강상 유해성을 갖는 모든 물질이라고 말할 수 있다.

화학물질의 사용량은 미국의 경우 65,000여 종, 일본의 경우 45,000여 종, 국내의 경우 약 30,000여 종의 화학물질을 사용한다고 한다. 매년 전 세계적으로 약 1,000여 종, 국내는 약 200여 종의 물질이 새로 개발되거나 수입되는데 혼합제품까지 포함하면 약 300,000여 종의 화학물질이 사용된다고 추정한다. 이러한 화학물질 중 법규에 관리되고 있는 유해화학물질의 종류는 약 1,000여 종으로써 산업안전보건법, 위험물안전관리법, 유해화학물질관리법에 의해 규제를 받고 있다. 이러한 유해화학물질은 순수한 상태로 존재하는 경우는 거의 드물고, 대부분 여러 화학물질을 혼합하여 사용하는 경우가 많다.

유해화학물질이 갖는 대표적 위험성은 크게 화재 및 폭발위험성, 중독위험성, 부식위험성, 방사위험성 등의 다섯 가지로 요약할 수 있다. 실험 시에 연구활동 종사자는 유해화학물질이 갖는 고유의 위험성을 미리 물질안전보건자료 등을 통하여 파악한 후 실험에 임해야 함에도 불구하고 물질이 갖는 위험성을 인지하지 못한 상태에서 취급하기 때문에 연구실험실의 사고는 점차 증가하고 있는 추세이다.

유해화학물질과 관련된 주요 법규 및 관련 정부 부처를 〈표 5.1〉에 나타내었다.

표 5.1 유해화학물질 관련 법규 및 부처

No.	부처	법규명
1	고용노동부	산업안전보건법
2	과학기술정보통신부	연구실안전환경조성에 관한 법률
3	환경부	화학물질관리법
4	〃	폐기물관리법
5	소방방재청	위험물안전관리법
6	식품의약품안전처	식품위생법
7	산업통상자원부	고압가스안전관리법
8	보건복지가족부	의료법

또한 이렇게 법규에 의해 관리되고 있는 유해화학물질들도 순수한 상태로 사용하는 경우는 거의 드물고, 대부분 여러 화학물질을 혼합하여 사용하는 경우가 많다. 따라서 유해화학물질이 갖는 고유의 위험성뿐만 아니라 물질의 혼합 시 발생할 수 있는 혼합 위험성까지도 파악해야 안전한 취급 및 관리를 이행할 수 있다.

여기서는 유해화학물질의 안전한 취급 및 관리를 위하여 유해화학물질의 위험성과 대표적 유해화학물질의 종류를 파악하고, 그에 따른 안전한 취급 및 관리방법을 이해하는 것을 목표로 한다.

일반적으로 유해화학물질이란 물리적 위험성 또는 건강상 유해성을 갖는 모든 물질이라고 말할 수 있는데 여기서 물리적 위험성이라고 하는 것은 주로 화재 및 폭발위험성을 의미하고, 화학적 위험성은 주로 화학물질이 유입경로를 통하여 인체로 유입되었을 경우 나타나는 중독위험성을 말한다. 그러나 이것 외에도 화학물질이 갖는 위험성은 여러 가지가 있다. 〈표 5.2〉에 화학물질이 갖는 위험성을 요약하여 정리하였다.

표 5.2 화학물질이 갖는 위험성

종류	사고의 종류	대표적 물질
화재 위험성	화재	알코올류 등 각종 유기용제
폭발 위험성	폭발	아세틸렌, 수소 등 고압가스류
중독 위험성	중독	벤젠, 염소기체 등
방사 위험성	방사능 중독	X선, 감마선 등
부식 위험성	화상, 용융	황산, 염산 등
반응 위험성	반응폭주, 폭발	유기과산화물류

〈표 5.2〉에서 알 수 있듯이 화학물질이 갖는 위험성은 다음과 같이 크게 5가지로 요약할 수 있다. 다음 절에서 각각의 위험성에 대해서 자세히 알아보기로 한다.

① 화재 위험성
② 반응 및 폭발 위험성
③ 중독 위험성
④ 방사 위험성
⑤ 부식 위험성

2 유해화학물질의 화재 위험성

연구실험실에서 사용하는 화학물질에 의해 발생 될 수 있는 사고 중 가장 대표적인 것이 화재이다. 따라서 연구활동 종사자들이 가장 조심스럽게 다루어야 할 화학물질이 바로 화재 위험성이 높은 물질 즉, 알코올류 등의 유기용제들이다. 이러한 유기용제들은 대부분 인화성이 높은 화학물질들로서 소방방재청 위험물안전관리법상의 제4류 위험물 인화성 액체(flammable liquid) 범주에 속해 있다. 대표적인 인화성 액체들을 〈표 5.3〉에 나타내었다.

표 5.3 인화성 액체의 종류

No.	명칭(국문)	명칭(영문)	화학식(시성식)
1	메틸알코올	Methyl alcohol	CH_3OH
2	에틸알코올	Ethyl alcohol	C_2H_5OH
3	아세톤	Acetone	CH_3COCH_3
4	톨루엔	Toluene	$C_6H_5CH_3$
5	아이소프로필알코올(IPA)	Isopropyl alcohol	$(CH_3)_2CHOH$
6	벤젠	Benzene	C_6H_6
7	자일렌	Xylene	$C_6H_4(CH_3)_2$
8	메틸에틸케톤(MEK)	Methyl ethyl ketone	$CH_3COC_2H_5$
9	아세트알데하이드	Acetaldehyde	CH_3CHO
10	클로로벤젠	Chlorobenzene	C_6H_5Cl

또한 이러한 인화성 액체는 화재 위험성뿐만 아니라 폭발 위험성도 대부분 갖고 있으며 그 사용처도 매우 광범위하다. 연구실험실, 일반 사업장, 공장, 가정에서까지 화재 위험성이 높은 인화성 액체를 사용하고 있다.

인화성 액체가 갖는 대표적인 성질을 살펴보면 다음과 같다.

① 다른 가연성 물질에 비해 대부분 인화점(flash point)이 낮다.
② 가연성 증기는 대부분 공기보다 무겁다.
③ 연소범위(flammable limit)의 하한계가 낮다.
④ 대부분 물보다 가볍고, 수용성(water solubility)이 낮다.
⑤ 발화점(ignition point)이 비교적 낮다.

가. 관련 용어의 정의

(1) 인화점

인화점(flash point)이란 공기 중에서 인화성 액체를 가열했을 때 그 액체 표면에서 가연성의 증기가 발생하는데 그 증기에 점화원(ignition source, 발화원, 착화원)을 가까이 접촉시켰을 때 인화되는 최저의 액체 온도를 말한다. 특히 알코올류 등 각종 유기용제들은 인화점이 비교적 낮기 때문에 매우 인화되기 쉽고 상온에서 증발하기 때문에 쉽게 인화되어 화재 위험성이 높은 물질들이다.

(2) 발화점

발화점(ignition temperature, ignition point)이란 외부로부터 화염, 전기스파크 등의 점화원 없이 스스로 축적된 열에 의해 발화 또는 폭발을 일으키는 최저 온도이다. 자연발화점(autoignition temperature; AIT), 착화점, 착화온도라고도 한다. 발화점은 분위기 온도나 압력 등에 크게 영향을 받는다. 특히 고압의 경우 대부분 발화점이 낮아지는 경향이 있기 때문에 세심한 주의를 기울일 필요가 있다.

(3) 자연발화

자연발화(autoignition, spontaneous ignition)란 인위적으로 외부에서 점화원을 주지 않아도 상온 부근의 물질이 공기 중에서 자연산화, 중합, 분해 등 화학반응에 의해 생긴 열에 의해 이 반응이 촉진되고 동시에 열이 축적되어 비교적 완만히 온도가 상승하여 발화점에 이르면 결국 자연발화에 이른다. 이러한 위험성을 갖는 물질들은 불포화도가 높은 건성유(drying oil) 또는 반건성유를 예로 들 수 있는데 이러한 물질들은 다공성 가연물에 스며들어 장기간 저장된 경우 공기와 산화반응에 의해 산화열이 축적되어 자연 발화한다.

(4) 연소범위

물질이 연소하기 위해서는 연소의 3요소로서 가연물, 산소공급원, 점화에너지가 필요한데 가연성 액체의 경우 그 증기와 공기와의 혼합비가 어떤 일정 점위 내에 들어 있을 필요가 있다.

즉, 혼합기체의 조성이 어느 농도 범위가 되면 여기에 착화되어 화염은 일순간에 혼합기체 속으로 전파하여 화재 또는 폭발을 일으킨다. 이러한 농도범위를 연소범위, 연소한계(flammable limit) 또는 폭발한계(explosive limit), 가연한계(combustible limit)라고 한다. 이 연소범위는 가연성 액체의 화재 및 폭발의 위험성을 평가하는데 중요한 지표로써 사용된다. 즉 연소범위가 넓을수록 점화원에 의해 인화가 용이하고, 연소범위의 하한계가 낮을수록 약간의 액체나 증기가 누설되면 인화의 위험이 있게 된다. 일반적으로 연소범위는 체적비(vol.%)로 나타내는데 대표적인 화학물질들의 연소범위를 〈표 5.4〉에 나타내었다.

표 5.4 주요 화학물질들의 연소범위

물질명	화학식	연소범위*	
		하한계 [vol.%]	상한계 [vol.%]
아세틸렌	C_2H_2	2.5	81.0
수소	H_2	4.0	75.0
일산화탄소	CO	12.5	74.0
메탄	CH_4	5.0	15.0
프로판	C_3H_8	2.1	9.5
벤젠	C_6H_6	1.3	7.9
자일렌	$C_6H_4(CH_3)_2$	1.1	6.4
메틸알코올	CH_3OH	6.7	36.0
에틸알코올	C_2H_5OH	3.3	19.0
톨루엔	$C_6H_5CH_3$	1.2	7.1

* *Babrauskas, Ignition Handbook, Fire Science Publishers, 2003.*

(5) 최소발화에너지

최소발화에너지(minimum ignition energy; MIE)란, 가연성의 증기와 공기와의 혼합기체에 발화가 일어나기 위해 필요한 최저의 에너지를 말한다. 일반적으로 최소발화에너지는 극히 작기 때문에 밀리줄(mJ) 단위가 사용된다. 예를 들면 수소(H_2)의 경우 0.017 mJ, 벤젠의 경우 0.22 mJ이다.

최소발화에너지는 온도, 압력, 조성(composition) 등에 따라 영향을 받는데 산소(O_2)의 농도가 증가하거나 온도, 압력이 상승하면 최소발화에너지가 감소하기 때문에 화재 및 폭발 위험성은 커지게 된다. 또한 불활성가스(inert gas)가 첨가되면 최소발화에너지는 증가하여 화재 및 폭발 위험성은 낮아지게 된다. 대표적 물질들의 최소발화에너지를 〈표 5.5〉에 나타내었다.

표 5.5 주요 화학물질들의 최소발화에너지

물질명	화학식	최소발화에너지[mJ]
아세틸렌	C_2H_2	0.017
수소	H_2	0.017
메탄	CH_4	0.3
프로판	C_3H_8	0.26
벤젠	C_6H_6	0.22
자일렌	$C_6H_4(CH_3)_2$	0.20
메틸알코올	CH_3OH	0.14
톨루엔	$C_6H_5CH_3$	0.24

나. 화재 위험성이 높은 대표적 물질의 성상과 취급, 관리

(1) 메틸알코올

메탄올(methanol)이라고도 하며, 산업현장뿐만 아니라 연구실험실에서 많이 사용되는 물질 중의 하나이다. 주로 유기화합물 합성원료나 용제로 많이 사용되는데 알코올 특유의 냄새가 나는 무색투명한 액체이다. 주요 성상을 〈표 5.6〉에 나타내었다.

표 5.6 메틸알코올의 주요 성상

분자량	32.04
증기비중	1.1
비중	0.8
비점	65℃
인화점	11℃
발화점	470℃

위험성을 살펴보면 비점이 비교적 낮기 때문에 휘발하기 쉬워 인화가 용이하고, 수용액 상태에서도 인화하여 화재의 위험이 있다. 또한 연소 시에는 탄소의 함량이 적기 때문에 그을음이

발생하지 않는 완전연소에 가깝고 불꽃이 잘 보이지 않는다. 메틸알코올의 위험성과 취급 및 관리 시 주의사항을 아래와 같이 요약 정리하였다.

① 위험성

- 연소범위가 넓은 물질이기 때문에 용기 내에서도 인화 위험이 있으며, 용기가 파열될 수도 있다.
- $KMnO_4$, CrO_3, $HClO_4$, $HMnO_4$ 등과 접촉하면 폭발한다.
- 고농도의 과산화수소(H_2O_2)와 혼합하면 충격에 의해 폭발한다.
- 포타슘(K, 칼륨), 소듐(Na, 나트륨) 등의 알칼리 금속과 반응하여 폭발성이 강한 수소(H_2) 기체를 발생시킨다.

② 취급 및 관리 시의 주의사항

- 가열을 금지하고, 화기를 접근시키지 말아야 하며, 직사광선을 차단할 수 있는 저장소에 보관해야 한다.
- 용기는 가급적 차고 건조하며 환기가 잘 되는 곳에 저장한다.
- 증기의 누설 및 액체의 누출 방지를 위하여 용기를 완전히 밀폐시킨다.
- 강산, 강산화제, 알칼리 금속과의 접촉을 방지한다.
- 옥외에 저장할 경우 그 주위에는 배수구 및 집유설비를 설치해야 한다.

(2) 에틸알코올

에탄올(ethanol)이라고도 하며, 음료, 화장품, 살균 소독용, 잉크 등 그 활용도가 매우 높은 물질이다. 무색투명한 액체로써 약간 단맛이 나고, 알코올 특유의 냄새가 있으며, 수용성이 매우 좋다. 주요 성상을 〈표 5.7〉에 나타내었다.

위험성을 살펴보면 비점이 비교적 낮기 때문에 휘발하기 쉬워 인화가 용이하고, 수용액 상태에서도 인화하여 화재의 위험이 있다. 또한 연소 시에는 그을음이 발생하지 않는 완전연소에 가깝고 불꽃이 잘 보이지 않는다. 에틸알코올의 위험성과 취급 및 관리 시 주의사항을 아래와 같이 요약 정리하였다.

표 5.7 에틸알코올의 주요 성상

분자량	46.07
증기 비중	1.6
비중	0.8
비점	79℃
인화점	13℃
발화점	365℃

① 위험성

- 휘발하기 쉬워 화재 위험성이 높다.
- 산과 반응하여 별도의 위험물을 만든다.
- 알칼리 금속과 반응하여 폭발성이 강한 수소(H_2) 기체를 발생시킨다.
- 과산화나트륨(Na_2O_2), 과산화수소(H_2O_2), 과염소산($HClO_4$) 등의 강산화제와 혼합하면 격렬하게 반응하여 발열, 발화의 위험이 있고, 특히 에틸알코올 + 산화제 + 강산 형태의 혼합물은 그 즉시 발화한다.

② 취급 및 관리 시의 주의사항

- 가열을 금지하고, 화기를 접근시키지 말아야 하며, 직사광선을 차단할 수 있는 저장소에 보관해야 한다.
- 수용액 상태에서도 인화의 위험이 있으므로 취급에 주의해야 한다.
- 강산화제, 알칼리금속, 강산류와의 혼촉을 절대 방지한다.

(3) 아세톤

디메틸케톤(dimethyl ketone)이라고도 하며, 의약품, 에폭시수지의 원료, 화학기기 분석 등 가장 많이 사용되는 유기용제 중의 하나이다. 무색이고, 자극성의 과일 냄새가 나는 휘발성, 유동성, 인화성이 높은 액체이다. 또한 물, 알코올, 벤젠 등에 잘 녹고, 유기물을 잘 녹인다. 장기간 보관하게 되면 황색으로 변질되며 아세틸렌(C_2H_2)을 녹이기 때문에 아세틸렌 저장에 이용된다. 주요 성상을 〈표 5.8〉에 나타내었다.

표 5.8 아세톤의 주요 성상

분자량	58.08
증기 비중	2.0
비중	0.8
비점	56℃
인화점	-18℃
발화점	465℃
연소범위	2.6~12.8 vol.%
최소발화에너지	1.15 mJ

아세톤이 갖고 있는 위험성을 살펴보면 비점이 낮아 휘발하기 쉽기 때문에 매우 화재 위험성이 높은 물질이다. 또한 최소발화에너지도 비교적 낮기 때문에 작은 에너지원에 의해서도 쉽게 발화하는 물질이다. 아세톤의 위험성과 취급 및 관리 시 주의사항을 아래와 같이 요약 정리하였다.

① 위험성

- 비점이 낮아 휘발하기 쉽고 상온에서 인화성 증기를 발생시키기 때문에 화재 위험성이 높다.
- 과산화나트륨(Na_2O_2), 과산화수소(H_2O_2), 과염소산($HClO_4$) 등의 강산화제와 혼합하면 격렬하게 반응하여 발열, 발화의 위험성이 매우 높다.
- 햇빛 또는 공기와 접촉하면 폭발성의 과산화물(peroxide)을 만든다.

② 취급 및 관리 시의 주의사항

- 직사광선을 차단할 수 있는 곳에 저장하고 통풍, 환기가 잘 유지되도록 한다.
- 일부 사용 시에는 반드시 밀폐하여 보관하고 빈 용기도 밀폐 상태를 유지하여 폐액 용기 수집 시 분출한다.
- 증기 누설 시에는 모든 점화원을 제거해야 하고, 액체가 누출되어 화재가 발생한 경우는 모래 또는 소화기를 이용하여 질식소화를 해야 하며, 물을 뿌리면 화재 면이 확대되기 때문에 절대 안 된다.

(4) 벤젠

벤젠은 합성수지, 합성섬유, 계면활성제, 농약, 도료 등 그 활용도가 매우 높은 물질이며, 방향족화합물(aromatic compound) 중 하나이다. 무색이고 투명하며 독특한 냄새가 나고, 휘발성이 매우 강한 액체이다. 또한 물에는 녹지 않지만, 알코올, 아세톤, 에테르(ether)에 녹으며, 고무, 유지 등 여러 가지 유기물을 녹인다. 벤젠의 주요 성상을 〈표 5.9〉에 나타내었다.

표 5.9 벤젠의 주요 성상

분자량	78.11
증기비중	2.8
비중	0.9
융점	6℃
비점	80℃
인화점	-11℃
발화점	580℃

① 위험성

- 연소 위험성이 강하여 인화하기 쉽고, 화재 시에는 다량의 그을음을 발생하고 뜨거운 열을 내면서 연소한다.
- 융점이 6℃이고 인화점이 -11℃이기 때문에 겨울철에는 응고된 상태에서도 연소할 가능성이 있다.
- 증기는 공기보다 무거워 낮은 곳에 체류하며, 마취성, 유독성이 있다.
- 강산화제와 반응하여 혼촉 발화의 위험이 높다.
- 과산화수소(H_2O_2), 염소산나트륨($NaClO_3$), 과염소산나트륨($NaClO_4$) 등과 혼촉에 의해 발화할 위험성이 높다.

② 취급 및 관리 시의 주의사항

- 직사광선을 차단할 수 있는 곳에 저장하고 통풍, 환기가 잘 유지되도록 한다.
- 외부와 멀리 떨어지도록 하고 산화성 물질과 철저히 격리시킨다.
- 누출 시 증기 발생을 감소시키기 위해 물 분무와 불연성 물질로 흡수, 제거한다.

3 유해화학물질의 폭발 위험성

폭발성 물질이란 기계적 충격, 고온 또는 화학작용에 의하여 순간적으로 많은 양의 기체와 열을 발생시키는 물질을 말한다. 특히 폭발성 물질 중 유기과산화물(organic peroxide)은 충격, 스파크(spark)와 병마개를 열 때 생기는 마찰, 열, 빛 등에 의해서도 폭발할 정도로 매우 민감하여 연구실험실에서 사용하는 물질 중에서 가장 위험한 물질에 속한다. 과산화물을 형성하는 물질들은 공기나 습기 또는 불순물 등과 반응하여 과산화물을 형성하게 되는데, 특히 증발이나 증류에 의해 농축되면 더 위험하게 된다.

연구실험실에서 폭발사고를 일으키는 물질의 종류는 크게 고압가스류, 금속분말류 등이 있다. 이들 물질 외에 서로 다른 물질이 접촉하여 폭발을 일으킬 수도 있고, 반응기 내에서 중합반응, 분해반응 등에 의해 반응폭주(reaction runaway)에 의해서도 폭발사고가 발생하는 사례가 보고되고 있다.

이러한 물질 중에서 최근 금속분말을 취급하다가 화재 및 폭발에 의한 피해가 급증하고 있는데 금속분말의 경우 대부분 물에 대하여 반응성이 큰 물질들이다. 예를 들면, 연구실험실에서 수분 흡수제 또는 제거제로써 많이 사용하고 있는 Na, K 등은 물과 접촉할 경우 순간 발화한 후 격렬한 폭발을 일으키기 때문에 취급에 주의를 필요로 하는 물질의 대표적인 예이다. 이러한 위험성이 있기 때문에 소방방재청 위험물안전관리법에서는 물에 대하여 반응성이 큰 금속분말 물질을 금수성물질(water-reactive substance)이라고 규정하고 있다.

(1) 나트륨(Sodium, Na)

원자로의 냉각제, 수분제거제 등으로 많이 사용되는 나트륨은 물보다 가볍고, 융점이 낮다. 또한 활성이 커서 대부분의 다른 금속과 직접 반응하며, 가열하면 여러 금속화합물을 만든다. 공기 중에 장시간 방치하면 자연발화를 일으키고, 물과 격렬하게 반응하여 발열하고, H_2(수소) 기체를 발생시켜 폭발한다. 나트륨의 주요 성상을 〈표 5.10〉에 나타내었다.

표 5.10 나트륨의 주요 성상

분자량	23.0
비중	0.97
융점	97.8℃
발화점	121℃

① 위험성

- 가연성 고체이고 공기 중에서 쉽게 자연발화를 일으키고 대기나 O_2 중에서 융점 이상으로 가열하면 쉽게 밝은 황색 불꽃을 내면서 연소한다.
- 물과 격렬하게 반응하여 발열하고 H_2를 발생하고 발화한다.
- 알코올과 반응하여 H_2를 발생시킨다.
- 산(acid)과 격렬하게 반응하여 H_2를 발생시킨다.

② 취급 및 관리 시의 주의사항

- 공기, 습기와의 접촉을 방지하기 위하여 반드시 석유, 벤젠 등의 보호액을 넣은 용기에 밀봉하여 저장한다.
- 화기를 엄금하며 가급적이면 소량씩 나누어서 저장한다.
- 용기의 부식을 막기 위하여 강산류와의 접촉을 피한다.
- 공기 중의 대부분의 성분과 반응하기 때문에 공기와 충분히 격리하여 저장한다.

(2) 칼륨(Potassium, K)

원자로의 냉각제, 탈수제, 알켄(alkene)의 반응촉매 등으로 사용되는 칼륨은 가연성 고체이고 공기 중에서 자연발화를 일으키기 쉬우며, 산소 농도가 낮은 곳에서도 연소의 위험이 있다. 또한 흡습성과 조해성이 있으며 화학적으로 활성이 커서 대부분 다른 금속과 직접 반응하며 가열하면 여러 가지 화합물을 만든다. 〈표 5.11〉에 칼륨의 주요 성상을 나타내었다.

표 5.11 칼륨의 주요 성상

분자량	39.1
비중	0.86
융점	63.6℃
발화점	440℃

① 위험성

- 가연성 고체이고 공기 중에서 쉽게 자연발화를 일으키고 대기나 O_2 중에서 융점 이상으로 가열하면 쉽게 밝은 황색 불꽃을 내면서 연소한다.

• 물과 격렬하게 반응하여 발열하고 수소(H_2)를 발생시키고 발화한다.
• 알코올과 반응하여 H_2를 발생시킨다.
• 산(acid)과 격렬하게 반응하여 H_2를 발생시킨다.

② 취급 및 관리 시의 주의사항
• 공기, 습기와의 접촉을 방지하기 위하여 반드시 석유, 벤젠 등의 보호액을 넣은 용기에 밀봉하여 저장한다.
• 화기를 엄금하며 가급적이면 소량씩 나누어서 저장한다.
• 용기의 부식을 막기 위하여 강산류와의 접촉을 피한다.
• 공기 중의 대부분의 성분과 반응하기 때문에 공기와 충분히 격리하여 저장한다.

(3) 리튬(Lithium, Li)

은백색의 금속으로 무르고 연하며 금속 중 가장 가볍고, 고체 금속 중 비열(0.97cal/g · ℃)이 가장 크다. 이 리튬은 중합반응의 촉매나 수소 첨가제 등으로 사용되는 가연성 고체인데 활성이 대단히 커서 대부분의 다른 금속과 직접 반응하며, 물과는 상온에서 서서히 수소기체를 발생시키지만 고온에서는 격렬하게 발생시킨다. 〈표 5.12〉에 리튬의 주요 성상을 나타내었다.

표 5.12 리튬의 주요 성상

분자량	6.94
비중	0.53
융점	180.5℃
발화점	179℃

① 위험성
• 가연성 고체로서 건조한 실온의 공기에서 반응하지 않지만 100℃ 이상으로 가열하면 적색 불꽃을 내며 연소한다.
• 알칼리 금속 중 물과의 반응성은 가장 적은 편이지만, 수소기체의 발생량이 많기 때문에 폭발의 위험성이 큰 편이다.
• 산화제와 반응하여 발열하고 CCl_4(사염화탄소)와 혼합시 충격에 의해 폭발의 위험이

있다.

- 산(acid)과 격렬하게 반응하여 H_2를 발생시킨다.
- 피부 등에 접촉하면 화상을 입을 우려가 있다.

② 취급 및 관리 시의 주의사항

- 물과의 접촉, 혼입을 방지하고 빗물 등 물의 상태가 변화된 것들의 침투를 방지한다.
- 건조하고 환기가 양호한 실내에 저장한다.
- 경유가 들어있는 밀폐된 용기에 저장하고 외부로의 누출을 방지한다.
- 강산화제, 강산류, 알코올 등 수용성 물질과 분리하여 저장하고 화기를 엄금한다.

4 유해물질의 중독 위험성

화학물질의 독성(toxicity)이란 특정 화학물질이 생체조직을 손상시키는 능력을 말한다. 따라서 유해화학물질의 중독 위험성은 수송 또는 취급상의 요인에 의하여 생체가 독성물질에 노출되었을 경우의 피해 가능성을 말한다. 그러나 물질의 독성 위험은 적절한 대책에 의해 감소될 수는 있으나 물질 자체의 독성은 변화하지 않는다.

가. 독성물질의 인체 유입경로

(1) 흡입(inhalation)

흡입경로는 유해화학물질의 체내 침투가 가장 많은 경로로써 물질의 공기 중 농도와 용해도에 따라 영향을 받는다. 예를 들면 수용성 물질의 경우 상부 호흡기에 영향을 주고, 비수용성 물질의 경우 하부 호흡기에 영향을 준다. 주로 호흡기 점막과 상피세포를 통해서 흡수되는 경로이다.

(2) 피부 접촉(skin contact)

피부는 연구실험실의 많은 독성물질과 접촉할 수 있는 경로인데 인체의 대부분의 피부 조직은 투과력이 높지 않아서 독성물질로부터 좋은 보호막이 될 수 있지만, 보호장갑을 착용하지 않은 맨손으로 독성물질을 취급할 경우는 손바닥에 무수히 많은 땀샘으로 인하여 독성물질이 인체 내로 유입될 수 있다. 또한 손바닥이 젖어 있는 경우에 투과율은 더 높아지게 된다.

또한 피부 접촉에서 가장 문제가 되는 것은 독성물질이 눈으로 들어가는 경우이다. 눈은 피부에 비해 자극에 매우 민감하므로 쉽게 통증을 느끼게 된다. 심한 경우에 화상을 입거나 시력을 상실할 수도 있다. 특히 염기성 물질, 대표적으로 페놀(phenol)이나 강산은 부식력이 강하므로 주의를 요한다.

(3) 섭취(ingestion)

연구실험실에서 음식물을 섭취할 경우, 인체 내로 독성물질의 유입이 발생될 수 있는 경로이다. 다른 경로에 비해 그 확률은 낮다고 할 수 있지만, 대부분의 연구실험실 특히 대학의 경우 음식물 섭취를 하는 연구실험실이 많기 때문에 주의를 요하는 경로라고 할 수 있다. 대부분의 유기용제들은 그 표면에서 증기가 발생하기 때문에 연구실험실 내의 환기가 제대로 이루어지지 않으면 연구실험실 내에 체류하게 되고 음식물이나 기타 실험기기 표면에 달라붙게 되기 때문에 충분한 환기와 연구실험실 내에서의 음식물 섭취는 금지해야 한다.

(4) 주입(injection)

이 유입경로는 화학물질에 오염된 유리나 금속에 날카롭게 찔린 상처 또는 주삿바늘에 찔리는 경로를 말한다. 정맥주사에 의해 화학물질이 체내로 들어가게 되면 혈액에 직접 노출되므로 매우 위험하다. 따라서 주삿바늘, 깨진 유리, 금속처럼 날카로운 면을 갖는 실험 재료들은 폐기에도 주의해야 한다.

나. 법규상의 독성물질의 정의

일반적으로 독성물질이 갖는 독성의 크기는 물질안전보건자료에 제시되어 있는 독성 실험 data로서 판단한다. 독성 실험 data 중에서 가장 중요한 data가 반수치사량(median lethal dose,

LD_{50}), 반수치사농도(median lethal concentration, LC_{50})이다. 반수치사량 및 반수치사농도의 정의는 각각의 유입경로를 통하여 실험 동물에게 동일한 양 및 농도를 투여한 후 그 중 반수가 치사하는 양 및 농도를 말한다. 따라서 이 값이 낮을수록 독성이 큰 물질이라고 말할 수 있다.

다음은 산업안전보건법상의 독성물질에 대한 정의이다.

① 쥐에 대한 경구투입실험에 의하여 실험동물의 50%를 사망시킬 수 있는 물질의 양, 즉 LD_{50}(경구, 쥐)이 킬로그램당 200 mg(체중) 이하인 화학물질
② 쥐 또는 토끼에 대한 경피흡수실험에 의하여 실험동물의 50%를 사망시킬 수 있는 물질의 양, 즉 LD_{50}(경피, 토끼 또는 쥐)이 킬로그램당 400 mg(체중) 이하인 화학물질
③ 쥐에 대한 4시간 동안의 흡입실험에 의하여 실험동물의 50%를 사망시킬 수 있는 물질의 농도, 즉 LC_{50}(쥐, 4시간 흡입)이 2,000 ppm 이하인 화학물질

다. 독성물질의 종류

(1) 금속류

카드뮴(Cd)은 전극, 도금, 페인트, 건전지 산업 및 연구에 사용되는데 만성적으로 노출되면 신장 독성을 일으킨다. 한편 제련, 정유, 반도체 산업에서 노출되기 쉬운 비소는 대표적인 발암물질로써 사람에게 피부암, 폐암 등을 일으키며, 그 밖의 심혈관 질환 등 다양한 인체 부작용을 일으킨다.

페인트, 자동차 antiknocking제 등에 포함되어 있는 납(Pb)은 경구노출의 경우 약 5～15%, 흡입 시는 입자의 크기 및 용해도에 따라 다르나 평균 약 30～40%라 알려져 있다. 무기 납에 의해 일반적으로 나타나는 증상은 빈혈이고, 유기 납의 경우는 주로 기도를 통하여 노출되며, 매우 쉽게 흡수되어 간에서 분해된다. 또한 뇌에 축적되는 것이 특징이다.

(2) 유기용매

유기용매는 대부분의 연구실험실에서 거의 한 종류 이상은 다 사용하고 있을 정도로 그 사용량과 종류가 상당히 많은 실정이다. 그중에서 독성이 있는 유기용매는 다음과 같은 물질들이 있다.

클로로포름($CHCl_3$)은 간 및 신장독성이 있으며 중추신경계의 억제 작용으로 마취, 혼수상태를 유발시킨다. 최근에는 만성노출의 경우 간암 및 신장암을 유발시킨다고 알려져 있다. 메틸렌 클로라이드(CH_2Cl_2)는 에어로졸 제품류(페인트 제거제 등)에 많이 사용되는데, 대사 과정에서 일산화탄소를 생성하기 때문에 저산소증을 초래하여 심하면 사망에 이르게 할 수 있다.

또한 벤젠은 휘발성이 높아서 화재 위험성도 높은 물질이지만, 인체 내로 유입되었을 경우 혈액암(백혈병)을 유발시키는 발암물질이다. 따라서 가능한 한 대체물질을 사용하는 것이 바람직하다. 톨루엔은 벤젠에 비하여 독성이 상당히 약하고 혈액암을 유발하지 않는다. 만성노출이 되면 중추 억제, 피로 착란 등의 증상을 나타내며 황달, 단백뇨를 나타낸다.

(3) 기타

염화비닐(vinylchloride)은 PVC의 원료로써 사용되며 직업병으로 골연화증이 있다. 이 증상은 뼈가 연화되는 병이고, 또한 간 및 담관암에 의하여 사망하는 사례가 보고되고 있다. 스타이렌(styrene)은 염화비닐과 같이 대표적인 플라스틱 원료로서 발암성과 관련 주목을 받고 있다. 아크릴로나이트릴(acrylonitrile)은 아크릴 수지의 원료로 쓰인다. 달콤한 냄새가 나는 휘발성의 무색 액체이며 노출되면 눈의 점막이나 피부, 호흡기에 장해가 일어난다.

5 유해화학물질의 취급 및 관리 방법

가. 화공약품의 운반

1) 화학약품을 손으로 운반할 경우 적절한 운반 용기에 넣고 운반하여 넘어지거나 깨지지 않도록 하여야 한다.
2) 바퀴가 달린 수레로 운반할 때는 고르지 못한 평면에서 튀거나 갑자기 멈추지 않도록 고른 회전을 할 수 있는 바퀴를 가진 것이어야 한다.
3) 적은 양의 가연성 액체를 안전하게 운반하기 위해서는 다음 각 호의 요령을 따른다.
   • 증기를 발산하지 않는 내압성 보관용기로 운반한다.

• 저장소에 보관 중에는 창으로 환기가 잘되도록 한다.
• 점화원을 제거토록 한다.

나. 화공약품의 취급과 사용방법

1) 모든 용기에는 약품의 명칭을 기재한다(증류수처럼 무해한 것 포함). 표시는 약품의 이름, 위험성(가장 심한 것), 예방조치, 구입날짜, 사용자 이름이 포함되도록 한다.
2) 약품 명칭이 없는 용기의 약품은 사용하지 않는다. 표기를 하는 것은 사용자가 즉각 약품을 사용할 수 있다는 것보다는 화재, 폭발 또는 용기가 넘어졌을 때 어떠한 성분인지를 알 수 있도록 하기 위한 것이다. 또한 용기가 찌그러지거나 본래의 성질을 잃어버리면 실험실에 보관할 필요가 없다. 실험 후에는 폐기용 약품들을 안전하게 처분하여야 한다.
3) 절대로 모든 약품에 대하여 맛 또는 냄새 맡는 행위를 금하고, 입으로 피펫을 빨지 않는다.
4) 사용한 물질의 성상, 특히 화재, 폭발, 중독의 위험성을 잘 조사한 후가 아니면 위험한 물질을 취급해서는 안 된다.
5) 위험한 물질을 사용하기 전에 재해 방호수단을 미리 생각하여, 만반의 대비를 해야 한다. 화재, 폭발의 위험이 있을 때는 방호면, 내열 보호복, 소화기 등을 중독의 염려가 있을 때는 장갑, 방독면, 방독복 등을 구비 또는 착용하여야 한다.
6) 유독한 약품 또는 이것을 함유하고 있는 폐기물의 처리는 수질 오염, 대기 오염을 일으키지 않도록 배려해야 한다.
7) 약품이 엎질러졌을 때는 즉시 청결하게 조치토록 한다. 누출된 양이 적은 때는그 물질에 대하여 잘 아는 사람이 안전하게 치우도록 한다.
8) 고열이 발생되는(furnace, hot plate 등) 실험기기에 대하여 '고열' 또는 이와 유사한 경고문을 붙이도록 한다.
9) 화학물질과 직접적인 접촉을 피한다.

다. 화학약품 취급 시 안전 고려사항

1) 실험자가 작업하는 물질이 올바른지 라벨을 주의 깊게 읽고 작업이 끝나면 뚜껑을 닫는다.
2) 피로는 판단에 영향을 줄 수 있으므로 휴식시간을 갖는다.

3) 정확한 절차, 관련된 잠재 위험, 사용되는 기술이나 분석법 등을 알고 있는지 확인하고 책임자의 지시에 따른다.
4) 열이 발생하는 물질을 감시하라.
5) 혼합금지(호환성이 없는) 물질은 분리한다.
6) 적당한 개인보호구(PPE)를 착용하여 화학약품 접촉을 피한다.
7) 화학약품으로부터 자신을 청결히 해라.
   - 실험자의 손이 오염될 수 있다면 글러브를 착용해야 한다. 자주 손을 씻고 실험실에서 나온다.
   - 엎질러진 화학물질을 즉시 깨끗하게 청소한다.
   - 긴 머리는 묶고, 흔들리는 보석류의 착용을 피한다.
8) 화학약품을 운반할 때 박스 등에 넣어 안전한 운반 장비를 이용하여 운반한다. 유리 제품은 벽, 문, 다른 장애물에 부딪힌다면 깨질 수 있다. 만일 많은 양을 운반해야 한다면 카트를 이용한다.

라. 화학약품의 저장 시 안전 고려사항

1) 약품장에 저장 시 알파벳이나 가나다순으로 저장하되 유기·무기물질 별로 구분하고 류별을 달리하여 증기를 흡기할 수 있도록 덕트 시설이 연결되어야 한다.
2) 실험실에 화학약품 저장장소는 화학약품 성질에 맞게 설계 배치되어야 하며, 분해폭발 물질은 온도에 민감하며 빛에 노출되면 분해된다.
3) 산성, 염기성, 산화제, 환원제, 과산화물, 금수성 물질, 인화성, 발암성, 독성물질 등 종류별을 달리하는 화학약품은 분리하여 저장한다.
4) 유통기한 지난 물질, 변색 화학약품 등은 위험하므로 주기적으로 화학약품의 유효기간을 확인하여 안전하게 폐기한다.
5) 필요한 양의 화학약품만 실험실 내에 저장한다.
6) 화학약품이 떨어지거나 넘어지지 않게 가드를 설치하고, 캐비닛이나 선반에 적절하게 저장한다.
7) 저장소의 높이는 1.8 m 이하로 힘들이지 않고 손이 닿을 수 있는 곳, 이보다 위쪽이나 눈높이 위에 저장하지 않는다. 선반 위는 작은 용기, 무거운 용기나 용적이 큰 것은 밑에 보관한다.

8) 빛에 민감한 화학약품은 갈색 병, 불투명 용기에 보관한다. 또한, 공기, 습기에 민감한 화학약품은 2중 병에 보관하고, 후드에 화학약품을 저장하지 않는다. 독성 화학약품인 경우, 캐비닛에 저장하고 잠근다.

9) 화학약품을 혼합 저장하면 위험하므로 혼합 보관하지 않는다. 〈표 5.13〉은 화학약품을 혼합 시 반응에 의해 위험한 물질의 예이다.

표 5.13 화학약품 혼합에 따른 반응 위험성

약품(A)	약품(B)	반응 위험성
칼륨, 나트륨	물, 이산화탄소, 사염화탄소	격렬한 반응
동	아세틸렌, 과산화수소	분해 반응
과망간산칼륨	에틸알코올, 메틸알코올, 빙초산, 벤조알데히드, 삭산에틸	급격한 산화반응
염소	암모니아, 아세틸렌, 부탄, 프로판, 수소, 나트륨, 벤젠	격렬한 발열반응, 생성물분해
과산화수소	동, 철, 금속, 아세톤, 아닐린, 유기물	급격한 분해반응
질산	삭산 아닐린, 크롬산, 인화성 액체	발열, 산화반응
아세틸렌	염소, 취소, 불소, 동, 은, 수은	격렬한 발열반응, 생성물 분해,
인화성액체	질산암모늄, 삼산화크롬, 과산화수소, 과산화나트륨	산화반응, 과산화물 생성, 급격한 반응

CHAPTER

06

생물안전 분야

학습내용

1. 생물실험실의 위험요소와 보호조치
2. 바이오 안전 수준
3. 바이오 안전 수준의 내용
4. 생물실험실 안전장비

1 생물실험실의 위험 요소와 보호조치

가. 생물학적 위험 요소

미생물과 실험용 동물을 취급하는 실험실에서 발생 될 수 있는 생물학적 위험들은 직접적으로 연구 활동 종사자뿐만 아니라 실험 장소 외의 사람 또는 동물에게도 영향을 줄 수 있기 때문에 다른 위험 요소보다 더 문제가 될 수 있다. 예를 들면, 다중약저항성 폐결핵(MDRTB)으로 불리는 M-폐결핵은 마이코박테륨 박테리아에 의하여 발생 된다. 이러한 폐결핵 박테리아는 환자의 타액으로부터 야기된 공기 중에 떠다니는 에어로졸로부터 전염될 수 있다. 사람면역결핍바이러스(HIV)에 감염되면 처음에는 독감처럼 느껴지고 다른 모든 증상이 나타나지 않는다. 이 병의 마지막 단계인 AIDS에 도달하기까지 10년 혹은 그 이상이 걸린다고 한다. 이 단계에서 암이나 폐결핵과 같은 희귀한 병을 수반할 수도 있다. 이처럼 병원균과 같은 생물학적 위험요인은 공중 감염이나 일단 우리 몸에 침투하여도 즉시 그 영향이 나타나지 않으나 치명적인 경우도 있으므로 철저히 관리하여야 할 것이다.

일반적으로 생물학적인 위험요인의 감염은 감염물질의 접촉으로부터 발생한다. 오염된 피의 수혈에서도 가능하다. 이러한 병원균이나 유해물질의 인체에 유입경로는 다음과 같다.

① 오염된 날카로운 것으로부터의 베임이나 바늘 같은 것으로부터 주입
② 피부의 상처 상해 된 부분에 접촉
③ 점막접촉(입, 코, 목구멍의 내면 피부)
④ 눈으로 침입(눈 접촉)

그러므로 생물적 재료를 취급하는 연구활동 종사자는 철저한 훈련을 받아야 하고 적절한 자격을 갖춘 사람에게 감독을 받아야 한다.

(1) 생물학적 안전조치 단계

미생물과 생물학적 위험물질을 다루는 연구실은 특정 감염성 질병에 대한 전염 위험성이 있는 특별한 곳이다. 미생물과 생물학 연구 중 감염된 경우가 여러 건 있었다. 이러한 사고들은

대체로 전염성 물질을 처리할 때 부주의나 미숙한 기술로 인해 발생한 것으로 보인다.

생물학적 위험으로부터 연구실을 안전하게 유지하기 위해서는 적절한 위생계획을 세우고 위험 요소를 효과적으로 차단하면 된다. 생물학적 위험 요소에 대한 차단 계획은 3단계로 이루어질 수 있다.

1단계는 감염물질에 대한 노출로부터 좋은 생물학적 기술과 적절히 안전한 장비를 사용하여 연구 활동 종사자와 연구실을 보호하는 것이다. 백신의 사용은 이런 방법의 좋은 예이다.

2단계는 시설 설계와 운영체계 상에서 외부환경을 보호하는 것이다. 2단계 차단의 목적은 연구 활동 종사자와 관계자들의 위험물질에 대한 노출을 줄이고, 내재적으로 위험물질의 외부환경으로 누출을 막는 것이다.

3단계는 연구실에서의 실천 활동과 기술, 안전 장비와 시설 통제를 통해 이루어질 수 있다.

(2) 생물학적 안전 규정의 준수

생물학적 위험 요소에 대한 가장 중요한 예방대책은 연구 과정에 표준 미생물학적 실습과 기술에 대한 엄격한 규정 준수에 있다. 감염성 물질이나 오염된 물질을 다루는 연구활동 종사자는 가능한 위험에 대해 숙지하고 위험물질을 다루는 안전한 방법을 알아야 한다. 연구실책임자는 사람들에게 이에 대해 적절한 교육을 시킬 책임이 있다.

생물학적 위험에 대한 표준적인 규정에 대한 실습이 위험을 통제하는 데에 충분하지 않을 때, 추가적인 조치가 필요할지도 모른다. 연구실책임자는 추가적인 안전 실습을 교육시킬 책임이 있다. 각 연구실은 위험을 최소화하거나, 제거하기 위해서 고안된 연습과 절차를 정하고, 생물학적 위험물질을 다루는 생물안전 및 운영 매뉴얼을 작성하고 준수해야 한다.

모든 연구활동 종사자에게 생물학적 위험에 대해 통보되어야 하며, 필요한 실습과 절차를 읽고, 따르는 것이 요구된다. 적절한 실험 기술, 안전 절차와 전염성 물질을 다룰 줄 알고 훈련받은 연구 활동 종사자가 연구실 활동을 관리해야 한다.

연구활동 종사자들의 장갑 또는 다른 개인 보호용 장비를 제거한 후, 피 또는 다른 전염성 물질과의 접촉 후 손은 즉시 씻어야 한다. 오염성 물질이 확실하다면 가능한 빨리 모든 개인 보호용 장비는 작업 지역을 떠나자마자 즉시 제거하고, 저장, 세탁, 오염 제거 또는 폐기를 위하여 적절하게 지정된 지역 또는 용기에 보관하여야 한다. 또한 오염물질에 사용된 바늘과 칼날은 구부리거나 자르지 않으며 재생시키지 않으며 일회용 주사기에서 떼어 내지 않는다.

(3) 생물학적 안전 장비

생물학적 안전과 관련한 장비로는 생물학적 안전 캐비닛과 별도의 용기 등이 있다. 생물학적 안전 캐비닛은 실험과정에서 생성된 전염성 에어로졸을 차단하기 위해 사용되는 주요한 장치다.

앞이 열린 생물학적 안전 캐비닛은 연구 활동 종사자와 환경을 보호하는 데 있어 높은 수준을 제공하는 장치이다. 가스 밀폐형 생물학적 안전 캐비닛은 연구 활동 종사자와 환경을 보호하는 최고 수준의 것이다.

안전 장비도 장갑, 코트, 가운, 구두 표지, 부츠, 방독면, 얼굴 방패와 안전 안경과 같은 개인 보호를 위한 아이템들을 포함한다. 그것이 생물학적 안전 캐비닛에서 작업하기 위해 비실용적인 약간의 상황에서, 개인 보호장치는 사람들과 전염성 물질 사이의 주요한 장벽을 형성할지도 모른다. 그런 활동의 예는 유지보수, 서비스 또는 실험실 능력의 지원에 관해서 어떤 동물성 연구, 동물성 부검, 생산활동과 활동을 포함한다.

(4) 연구실험실 관리

연구실험실은 깨끗하고 위생적인 조건으로 유지해야 한다. 모든 장비, 환경과 작업 표면은 적절하게 청결하여야 하며, 피 또는 전염성 물질과의 접촉 후에는 소독해야 한다.

① 작업대에 피 또는 전염성 물질이 유출되어 오염이 확인된다면, 작업 표면은 끝난 후 적절한 소독약으로 청소해야 한다.
② 플라스틱 포장지, 알루미늄 포일 또는 뒷면이 방수가 되는 흡수성 종이와 같은 보호용 덮개가 장비와 작업 표면을 보호하는 데 사용될 수 있다. 이 덮개도 명백히 오염되었을 때와 일정한 실험이 끝나면 제거되고 교체해야 한다.
③ 피 또는 전염성 물질로 오염될지도 모르는 장비는 서비스 또는 수송에 앞서 주기적으로 점검하고 필요하다면 소독이 필요하다.
④ 피 또는 전염성 물질로 오염될 수 있는 가능성을 가지고 있는 모든 박스, 통, 캔들이 재사용될 때는 정기적으로 조사, 청소 및 소독한다.
⑤ 오염되었을지도 모르는 부서진 유리 제품은 손으로 직접 집어서는 안 된다. 그것을 사용하려면 브러시, 먼지 팬, 집게, 면봉 또는 핀셋과 같은 기계적인 수단을 사용하여 청소해야 한다.
⑥ 샘플로 채취한 혈액 또는 전염성 물질은 보관 및 수송 전에 라벨을 붙이고 밀폐 및 누출 방지가 되는 용기 또는 색칠된 가방에 두어야 한다. 만일 용기의 바깥쪽에 누출 가능성이

있으면, 더 큰 용기를 사용하여 이를 담고 밀폐해야 한다. 만약 주 용기에 유출이 의심되면, 누출 방지 및 저항력이 있는 외부 용기를 사용하여야 한다.

(5) 전염성 폐기물 처리

유리 조각, 수술용 칼, 주삿바늘 등의 폐기물은 살균한 다음 지정된 용기에 폐기하여야 하고 이 용기에는 분명한 표시가 되어 있어야 한다. 피하 주사기와 바늘은 사용 후에 재생하거나 다시 사용할 수 없도록 부수어서 폐기해야 한다. 또 폐기물의 살균은 실험실에서만 하여야 하고 소각할 재료도 자격을 갖춘 사람에 의해 안전한 방법으로 소각로에 운반될 수 있도록 비닐 백과 같은 것에 담아 두어야 하며 소각은 확실하게 이루어져야 한다. 이러한 실험 조작은 잘 설계된 시설 하에서 실시하여야 한다. 특히 매우 위험한 병원미생물은 공기여과장치가 부착된 안전한 캐비닛에서 취급하는 것이 바람직하다.

나. 생물실험실의 보호조치

(1) 일반적 조치

실험실의 설계는 곤충, 새, 동물(특히 쥐, 참새, 개미, 바퀴벌레 등)의 방제가 쉽도록 설계되어야 한다. 실험실에서 사용하는 실험동물은 완전한 시설에서 사육되고 보호되어야 한다. 미생물과 같은 기생생물은 병원성을 나타낼 수 있으므로 이런 위험성이 높은 생물을 취급할 때는 적절한 예방대책을 세워야 한다. 또 몇 종류의 곤충과 거미에게 물리거나 쏘이면 위험하므로 이러한 곤충을 사용할 때는 곤충의 탈출을 방지하는 것이 예방대책이 된다.

(2) 감염의 제어

감염의 적절한 예방은 감염성 질병의 전염과정에 근거를 둘 수 있는데 다음과 같은 단계별 예방대책을 강구할 수 있다.

① 감염원인 물질과 근원
② 감염원에서 배출되는 형태

③ 감염원의 전파형태
④ 숙주에 침입하는 형태

이러한 것을 원인에 따라 적절히 차단함으로써 감염을 예방할 수 있으므로 차단방법을 확립할 필요가 있다.

(3) 특별한 억제

병원성이 있다고 알려진 특수한 미생물은(바이러스, 세균, 곰팡이) 훈련된 연구 활동 종사자에 의해 특별히 고안된 실험실에서 취급되어야 한다.

(4) 개인보호와 위생

개인보호는 위험에 직면할 가능성이 있는 모든 사람 즉 실험자, 보조원, 관리인, 청소원 등에게 적용된다. 이들에게는 최고 수준의 위생이 유지되어야 하는데 그렇게 하기 위해서는 최선의 시설이 되어 있어야 한다. 특히 옷을 갈아입을 수 있는 시설과 손을 씻을 수 있는 설비가 실험실 자체에 구비되어 있어야 하고 일회용 종이 수건을 사용하는 것이 가장 바람직하다. 그리고 마스크, 수술용 장갑, 보안경, 보안면 등과 같은 매우 정교한 보호장비를 때에 따라 사용하도록 요구된다. 또 실험실에서 떠날 때는 실험복과 모든 장비를 제거하고 손을 반드시 씻어야 한다.

(5) 소독

모든 장비와 실험복은 고압 살균이나 적당한 화학약품으로 소독하는 것이 절대적으로 필요하다. 고압살균기의 정상적인 유지와 검사에는 숙련된 기술자가 있어야 하며 화학적 살균제는 그 자체가 매우 높은 위험성을 지니고 있으므로 사용에 주의해야 한다.

2 바이오 안전 수준

가. 바이오 안전 수준의 구분

(1) BSL-1(biosafety Level-1, 바이오 안전 수준 1)

그 과정과 안전장비, 시설이 학부생과 교육실험실에 적당한 수준이며, 건강한 성인 기준으로 어떤 종류의 병을 일으키지 않는 정도이다. 종류는 Bacillus subtilis, Naegleria gruberi, infectious canine hepatitis virus 등이 있다. 인간의 질병 과정과 관련성이 없는 많은 종류는 잠재적 병원균이 될 수 있고, 어린이, 노약자, 면역 결핍자에게 감염을 일으킬 수 있다. 이 수준은 손 씻기 행위 이외의 일차/이차적인 특별한 보호장벽이 없이도 표준 미생물을 다루는 과정에 따라 이루어지는 기본적인 격리의 단계이다.

(2) BSL-2(biosafety Level-2, 바이오 안전 수준 2)

수행과정, 안전장비, 시설 설계 및 건축이 임상, 진단, 교육과 보통 상존하는 다양한 위험인자를 다루는 실험실에 적용할 수준이다. 미생물을 다루는 기술이 좋아야 하며 튀거나 분무 형태의 기회가 아주 낮다면 실험 벤치에서 수행할 수 있다. Hepatitis B virus, HIV, salmonellae, Toxoplasma spp. 등의 미생물을 사용할 때 혹은 인간에서 파생된 혈액, 체액, 조직, 감염인자가 알려지지 않은 일차 인간 세포 시스템을 다룰 때 적절한 수준이다. 이러한 물질을 작업하는 실험자의 일차적 위험은 감염성 물질의 흡입이나, 피부나 점액 세포질의 노출과 관련되어 있다. 감염된 바늘이나 날카로운 기구는 각별한 주의가 요구된다. 이 수준에서 일상적으로 다루는 유기체가 분무를 통한 전염이 알려지지 않았더라도 에어로졸이 튀어서 개인에 노출될 확률이 크기 때문에 일차 격리 보호장비나 개인보호장비를 착용하고 작업해야 한다.

(3) BSL-3(biosafety Level-3, 바이오 안전 수준 3)

호흡기 전염이 가능한 물질로 잠재적으로 심각한 치명적인 전염을 일으킬 수 있는 수준이다. Mycobacterium tube rculosis, St.Louis encephalitis virus, Coxiella burn etii가 대표적인 해당 미생물들이다(다른 Virus의 예는 Venezuelan equine encephalomyelitis, Rift Valley fever,

Chikungunya, Yellow fever, Japanese encephalitis, Louping ill, West tile, Lymphocytic choriomeningitis, Orungo 등이 속한다). 경로는 자가 접종, 섭취 및 에어로졸에 노출될 수 있다. 1차 및 2차 보호장비가 반드시 필요한 수준이다. 모든 수행은 바이오 안전 캐비닛(BSC)이 요구되며, 후드 시스템이 필요하다.

(4) BSL-4(biosafety Level-4, 바이오 안전 수준 4)

생명에 위험을 주는 병원균을 가지는 물질을 다루는 때 적용한다. 어떤 백신이나 치료제가 없는 상태이다. Marburg나 Congo-Crimean hemorrhagic fever와 같은 바이러스는 Level 4에서 다루어진다(다른 Virus는 Junin, Russian Spring-Summer, Omsk hemorrhagic fever, Lassa, Ebola, Sabia 등). 작업하는 최고의 위험은 감염성 에어졸, 점막, 자가 접종 등에 의한 호흡기 노출이다. 잠재적인 감염성 진단물질을 다루거나 자연적이거나 실험상 감염된 동물을 다룰 때 실험자나 외부환경에도 노출과 전염의 정도가 매우 높은 단계이다. 실험실 개인은 에어졸화 된 감염성 물질과의 완벽한 격리가 필요하기 때문에 Class III BSC에서 작업을 수행한다. 시설 설비도 외부 환경과 격리되거나 특별한 후드 설비, 폐기물처리시스템이 요구된다.

3 바이오 안전 수준의 내용

가. Biosafety Level 1

바이오 안전 수준 1은 건강한 성인을 기준으로 질병을 확실하게 일으키지 않거나 실험실의 실험자나 외부환경에 잠재 위험이 매우 적으며 그 특성이 잘 알려진 병원 미생물에 관련된 작업을 수행할 때 적절한 수준이다. 작업하는 실험실은 다른 장소와 반드시 격리할 필요는 없고 작업은 실험대에서 표준 미생물 취급요령 (Standard microbiological practice)에 따라 실행한다. 실험실 개인은 실험실에서 행하는 절차상 특별한 훈련이 필요하며 미생물학이나 생물학 또는 관련된 전문가에게 감독받는다.

(1) 표준 미생물 취급 요령

① 실험이 진행 중일 경우에는 실험실 입실을 제한하거나 금지한다.
② 실험실 개인은 살아있는 물질을 다룬 후에 장갑을 제거하고 실험실을 나가기 전에 반드시 손을 씻는다.
③ 실험실에서는 음식물을 먹거나, 음료를 마시거나, 담배를 피우거나 렌즈를 다루거나 화장을 하거나 음식물을 저장하거나 하는 행위 등은 금지한다.
④ 입을 이용한 pipetting은 금지한다.
⑤ 날카로운 물질의 사용에 대한 안전 취급방법을 작성하여 습득한다.
⑥ 모든 실험상의 절차는 튀거나 에어로졸(aerosol)의 발생을 최소화하도록 주의한다.
⑦ 실험실 작업대는 최소한 하루에 한 번은 소독하고 오염물질을 제거한다.
⑧ 모든 배양액, 저장 용기 또는 폐기물은 고압증기멸균법(autoclaving)과 같은 허용된 오염 제거 시스템으로 제거한 후 폐기한다.
⑨ 감염성 물질이 존재하면 실험실 출입구에 표지하여 알린다. 그 표지에는 사용하는 물질의 이름과 연구자의 전화번호를 기입한다.

(2) 안전장비(1차 보호장벽)

① 바이오 안전 캐비닛과 같은 특별한 격리장치나 장비는 일반적으로 이 수준에서는 필요하지 않다.
② 평상복을 더럽히거나 오염을 방지하기 위해 실험복을 착용한다.
③ 손에 상처나 발진의 가능성이 존재하면 장갑을 착용해야 한다.
④ 미생물이 튀거나 위험물질을 다룰 때 반드시 눈 보호장구를 착용해야 한다.

(3) 실험실 설비(2차 보호장벽)

① 실험실은 출입을 조절할 수 있는 문을 장치한다.
② 각 실험실은 손을 씻을 수 있는 싱크대가 마련되어 있어야 한다.
③ 실험실은 쉽게 세척할 수 있도록 디자인되어 있어야 한다. 카펫 등은 사용하지 않는다.
④ 실험대는 물이 스며들지 않아야 하며 온도나 유기용매, 산, 알칼리와 오염원을 제거하는데 사용하는 화학약품에 저항력이 있어야 한다.

⑤ 실험실 가구는 사용과 적재에 견딜 수 있도록 충분하게 튼튼해야 한다. 실험대, 캐비닛과 장비 사이의 공간은 청결 및 청소를 위해 충분한 공간을 확보해야 한다.

⑥ 실험실이 복도와 연결된 창문이 있으면 가림막을 설치한다.

나. Biosafety Level 2

Biosafety level 2는 바이오 안전 레벨 1과 유사하고 중간 정도의 잠재적 위험을 가지는 미생물의 작업에 적당한 수준이다. BSL-1과 다른 점은 다음과 같다.

① 실험실 개인은 병원성 미생물을 다루는 데 특별한 훈련을 받아야 하며 전문가에 감독을 받아야 한다.

② 작업이 수행되는 동안 실험실 출입이 제한된다.

③ 감염된 날카로운 도구에 주의한다.

④ 감염성 에어로졸이나 튐이 일어날 수 있는 실험 절차는 바이오 안전 캐비닛 또는 다른 물리적으로 격리된 장비에서 수행한다는 점이다.

(1) 표준 미생물 취급 요령

① 실험이 진행 중일 때에는 실험실 입실을 제한하거나 금지한다.

② 실험실 개인은 살아있는 물질을 다룬 후에 장갑을 제거하고, 실험실을 나가기 전에 반드시 손을 씻는다.

③ 실험실에서는 음식물을 먹거나, 음료를 마시거나, 담배를 피우거나 렌즈를 다루거나 화장을 하거나 음식물을 저장하거나 하는 행위 등은 금지한다.

④ 입을 이용한 pipetting은 금지한다.

⑤ 날카로운 물질의 사용에 대해 안전취급방법을 습득한다.

⑥ 모든 실험상의 절차는 튀거나 에어로졸의 발생을 최소화하도록 주의한다.

⑦ 실험실 작업대는 최소한 하루에 한 번은 소독하고 오염물질을 제거한다.

⑧ 모든 배양액, 저장 용기 또는 폐기물은 고압증기멸균법(autoclaving)과 같은 허용된 오염 제거 시스템으로 제거한 후 폐기한다.

⑨ 감염성 물질이 존재하면 실험실 출입구에 표지하여 알린다. 그 표지에는 사용하는 물질의

이름과 연구자의 전화번호를 기입한다.

(2) 특별 사항

① 감염성 물질이 다루어질 때 실험실 출입은 지도교수에 의해 제한되거나 통제된다. 일반적으로 매우 쉽게 감염되기 쉬운 상태나 그 감염으로 심각한 결과를 일으킬 수 있는 사람은 실험실이나 동물실험실에 출입을 금지한다. 예를 들면, 면역력이 억제되거나 약한 사람은 감염의 위험성이 크므로 출입을 통제해야 한다. 실험실 지도교수는 각 주위 환경 평가와 각 실험실에 출입의 허가를 결정하는 최종 책임을 가진다.

② 실험의 감독자는 잠재적인 위험성에 대해 논의하고 출입의 경우 요구 사항에 만족하는 사람만이 실험실에 출입할 수 있는 정책과 절차를 마련한다.

③ 바이오 위험 표지는 병원성 물질이 사용될 때 실험실 출입구에 붙여 놓는다. 사용하는 물질, 바이오 안전 수준, 요구되는 면역사항, 연구자 이름, 전화번호, 실험실에서 착용해야 될 개인보호장구, 실험실을 나갈 때 요구되는 절차를 표지하여 알린다.

④ 실험자는 다룰 예정이거나 잠재적으로 실험에 존재하는 병원균에 대한 면역검사나 테스트를 받는다.

⑤ 다루어지는 병원균을 고려하여 적절한 시기에 혈청 샘플과 다른 위험물질은 수집하여 저장한다. 혈청 표본도 주기적으로 수집할 수 있다.

⑥ 바이오안전 절차는 지도교수에 의해 실험실에 준비하거나 적용된 바이오 안전매뉴얼과 연결하여 다룬다.

⑦ 지도교수는 실험과 관련된 잠재적 위험에 적절한 훈련과 노출을 방지하는 필요한 주의, 노출 평가, 절차를 지키도록 교육한다. 실험자는 절차나 정책 변화에 대해 추가적인 교육을 받고 해마다 새로운 사항을 습득한다.

⑧ 바늘, 주사기, 슬라이드, 피펫, 모세관, 외과용메스 등 감염된 날카로운 도구들의 사용은 각별한 주의가 요구된다.

- 바늘과 주사기, 날카로운 도구를 꼭 사용해야 할 경우는 엄격하게 실험실에서만 사용하도록 제한한다. 가능하다면 플라스틱 제품으로 대체한다.
- 주삿바늘 잠금 주사기나 일회용 주사기 · 바늘은 감염물질의 주사나 흡입에 사용된다. 사용된 바늘은 구부리거나 부러뜨리거나, 가위로 자르거나, 일회용 주사기에서 제거하는 행위는 하지 않는다. 이들 물질은 전용 폐기용기에 놓아야 한다. 일회용이 아닌 날카

로운 도구는 단단한 저장 용기에 담아 고압증기 멸균을 실시한다.

- 깨진 유리 제품은 손으로 다루지 않는다. 핀셋, 집게 등의 도구를 사용하여 제거해야 한다. 감염된 바늘, 날카로운 장비, 깨진 유리는 처분 전에 정해진 절차에 따라 감염원을 제거하여 정화한다.

⑨ 배양, 조직, 신체의 액체류의 표본 또는 잠재적인 감염성 폐기물은 수집, 취급, 저장, 운반하는 동안 새지 않도록 뚜껑을 가진 저장용기에 넣는다.

⑩ 실험장비나 실험실은 일반적인 절차에 따라 감염성 물질에 대한 작업이 끝났을 때, 누출 또는 튀었을 때와 다른 오염원에 효과적인 살균제를 사용하여 소독해야 한다.

⑪ 감염성 물질에 확실한 노출을 일으키는 누출이나 사고는 즉시 지도교수에게 알린다. 의료 평가, 감독, 처리가 수행되어야 한다.

⑫ 실험에 관련되지 않는 동물은 실험실에 들이지 않는다.

(3) 안전장비

① 적절하게 유지되는 바이오 안전 캐비닛, 적절한 개인보호장비와 물리적인 격리장치가 사용된다.

- 감염성 에어로졸이나 튀는 경우의 잠재적 위험이 있는 절차의 수행 시에 필요하다.
- 감염성 물질의 대단위 용량이나 농도를 사용할 때

② 얼굴 보호장구는 감염성이나 다른 위험한 물질이 얼굴에 뿌려지거나 튀는 것을 방지하고자 할 때 사용한다.

③ 실험복, 가운 등을 실험실에서 착용한다. 사용한 의복은 실험실 이외의 장소에 나갈 때 제거하거나 벗어놓는다. 모든 의류는 실험실 안에서 처분하거나 소독한다.

④ 장갑은 잠재적인 감염성 물질이나 오염된 표면, 장비를 접촉할 가능성이 있을 때 착용한다. 일회용 장갑은 세척 하거나 재사용하지 않는다.

(4) 실험실 시설

① 시설에 잠금장치를 할 수 있는 문을 설치한다.

② 공공시설과 떨어진 새로운 실험실을 고려한다.

③ 각 실험실은 손을 씻을 수 있는 싱크대를 설치한다.

④ 실험실은 쉽고 깨끗하게 정화할 수 있도록 디자인한다.

⑤ 실험대는 방수, 방열되며 유기용매, 산, 알칼리, 화학약품에 견디어야 한다.

⑥ 실험실 가구는 충분히 튼튼해야 하며, 각 가구 사이의 공간을 충분하게 확보한다.

⑦ 눈을 씻을 수 있는 장비를 마련하고 쉽게 접근 가능해야 한다.

⑧ 모든 활동에 적절한 조명이 가능해야 한다.

⑨ 특별한 후드 시스템은 필요하지 않지만 새로운 시설 설계 시 실험실 밖의 공간에 재순환 없이 공기의 내부 흐름을 제공하는 후드 시스템을 고려한다.

⑩ 실험실 공급 공기와 배출 공기의 불안정이 보호격리를 위한 캐비닛의 기준 파라미터를 벗어나지 않는 방식으로 바이오 안전 캐비닛을 설치한다. 바이오 안전 캐비닛은 열 수 있는 창문이나 문, 다른 잠재적인 방해 장비가 있는 곳으로부터 떨어져 캐비닛의 공기흐름이 유지될 수 있도록 설치한다.

다. Biosafety Level 2

바이오 안전 수준 3은 흡입경로에 의한 노출로 심각하거나 잠재적으로 치명적인 병을 일으킬 수 있는 위험한 작업이 수행되는 임상, 진단, 연구 또는 생산 시설에 적용한다. 실험실의 개인은 병원균과 잠재적으로 치명적인 물질을 다룰 때 특정 훈련을 받아야 한다. 경험자나 전문가에 의해 감독받아야 한다.

감염성 물질을 다루는 모든 절차는 바이오 안전 캐비닛 또는 다른 보호시설 안에서 수행되어야 하고 적절한 개인보호장비를 착용하여야 한다.

(1) 표준 미생물 취급 요령

① 실험이 진행 중일 때는 실험실 입실을 제한하거나 금지한다.

② 실험실 개인은 살아있는 물질을 다룬 후에 장갑을 제거한 후와 실험실을 나가기 전에 반드시 손을 씻는다.

③ 실험실에서는 음식물을 먹거나, 음료를 마시거나, 담배를 피우거나 렌즈를 다루거나 화장을 하거나 음식물을 저장하거나 하는 행위 등은 금지한다.

④ 입을 이용한 pipetting은 금지한다. 마이크로 피펫 등의 측정용 기기를 사용한다.

⑤ 날카로운 물질의 사용에 대해 안전 취급 방법을 습득한다.

⑥ 모든 실험상의 절차는 튀거나 에어로졸의 발생을 최소화하도록 주의한다.

⑦ 실험실 작업대는 최소한 하루에 한 번은 소독하며, 오염물질을 제거한다.

⑧ 모든 배양액, 저장 용기 또는 규정 폐기물은 고압증기멸균법(autoclaving)과 같은 허용된 오염제거 시스템으로 소독한 후 폐기한다. 실험실 외부에 멸균된 물질은 이중, 누출 방지 용기와 밀폐되어 있어야 한다. 이 수준의 감염성 폐기물은 폐기 전에 반드시 멸균되어야 한다.

(2) 특별 사항

① 감염성 물질이 다루어질 때 실험실 출입은 실험실 지도교수에 의해 제한되거나 통제된다. 일반적으로 매우 쉽게 감염되기 쉬운 상태나 그 감염으로 심각한 결과를 일으킬 수 있는 사람은 실험실이나 동물실험실에 출입을 금지한다. 예를 들면, 면역력이 억제되거나 약한 사람은 감염의 위험성이 더 증가한다. 험실 감독자는 각 주위 환경의 평가와 각 실험실에 출입의 허가를 결정하는 최종 책임을 가진다.

② 실험의 감독자는 잠재적인 위험성을 논의하고 특별 출입의 경우 요구사항에 만족하는 사람만이 실험실에 출입할 수 있는 정책과 절차를 세운다.

③ 바이오 위험 표지는 병원성 물질이 사용될 때 실험실 출입구에 붙여 놓는다. 사용하는 물질, 바이오 안전 수준, 요구되는 면역사항, 연구자 이름, 전화번호, 실험실에서 착용해야 할 개인보호장구, 실험실을 나갈 때 요구되는 절차 등을 표지하여 알린다.

④ 실험자는 다룰 예정이거나 잠재적으로 실험에 존재하는 병원균에 대한 면역 검사나 테스트를 받는다.

⑤ 다루어지는 병원균을 고려하여 적절한 시기에 혈청 샘플이나 다른 위험물질은 수집하여 저장한다. 혈청 표본도 주기적으로 수집할 수 있다.

⑥ 바이오 안전 절차는 표준 수행 절차나 실험 감독자에 의해 준비되거나 적용된 바이오 안전 매뉴얼과 연결하여 다룬다.

⑦ 실험실 지도교수는 실험과 관련된 잠재적 위험에 적절한 훈련과 노출을 방지하는 데 필요한 주의, 노출 평가, 절차 등을 지키도록 교육한다. 실험자는 절차나 정책 변화에 대해 추가적인 교육을 받고 해마다 새로운 사항을 습득한다.

⑧ 바늘, 주사기, 슬라이드, 피펫, 모세관, 외과용메스 등 감염된 날카로운 도구들의 사용은 각별한 주의가 요구된다.

• 바늘과 주사기, 날카로운 도구를 꼭 사용해야만 될 때 엄격하게 실험실에서만 사용하도록 제한한다. 가능하다면 플라스틱 제품으로 대체한다.

• 주삿바늘 잠금 주사기나 일회용 주사기 · 바늘은 감염물질의 주사나 흡입에 사용된다. 사용된 제거 바늘은 구부리거나 부러뜨리거나, 가위로 자르거나, 뚜껑을 제거하는 행위는 절대 하지 않는다. 그것들은 날카로운 물질은 전용폐기 용기에 주의 깊게 놓아야 한다. 일회용이 아닌 날카로운 도구는 단단한 저장 용기에 담아 고압증기 멸균을 실시한다.

• 깨진 유리 제품은 손으로 다루지 않는다. 핀셋, 집게 등의 도구를 사용하여 제거해야 한다. 감염된 바늘, 날카로운 장비, 깨진 유리는 처분 전에 정해진 절차에 따라 감염원을 제거하여 정화한다.

⑨ 감염성 물질을 다루는 모든 조작은 바이오 안전 캐비닛이나 다른 보호시설이 갖추어진 장소에서 수행한다. 일반 실험대에서 어떠한 작업도 수행하지 않는다.

⑩ 실험장비와 작업대의 표면은 감염성 물질을 다루는 작업 종료 시나 누출, 튄 경우, 오염된 경우는 효과적인 소독제를 사용하여 일상적으로 소독한다.

• 감염성 물질의 누출은 경험자, 전문가에 의해서 세척하고 소독한다. 누출에 대한 행동요령을 습득하고 적절하게 주위에 알린다.

• 오염된 장비는 적절하게 소독한 다음 옮겨 유지 보수한다.

⑪ 배양, 조직, 체액의 표본 또는 잠재적인 감염성 폐기물은 수집, 취급, 저장, 운반 동안 새지 않도록 뚜껑을 가진 저장 용기에 넣는다.

⑫ 실험장비나 실험실은 일반적인 절차에 따라 감염성 물질에 대한 작업이 끝났을 때, 누출 또는 튀었을 때와 다른 오염원에 효과적인 살균제를 사용하여 소독해야 한다.

⑬ 감염성 물질의 노출이 발생한 사고는 즉시 지도교수에게 알린다. 의료 평가, 감독, 처리가 수행되어야 한다.

⑭ 실험에 관련되지 않는 동물은 실험실에 들이지 않는다.

(3) 안전장비(1차 보호장비)

① 개인 실험복은 실험실에 있을 때 항상 입는다. 보호 의류는 실험실 이외의 장소에서는 입지 않는다. 재활용 실험복은 재사용 전에 소독하여 사용한다. 명백하게 오염된 경우는 폐기하고 교체한다.

② 장갑은 감염성 물질, 감염 동물, 오염 장비를 다룰 때 착용해야 한다.
③ 손 씻기와 사용하는 장갑을 자주 교체하는 것이 좋다. 일회용 장갑은 세척하거나 재사용하거나 하지 않는다.
④ 감염성 물질의 모든 조작은 수준 II, III에 해당하는 바이오 안전 캐비닛 안에서 수행한다.
⑤ 실험 절차나 진행이 바이오 안전 캐비닛에서 진행되지 않을 경우는 개인보호 장비와 보호장비를 적절하게 조합하여 사용한다.
⑥ 호흡기와 안면보호장비는 감염된 동물이 존재하는 방에 있을 때 사용한다.

(4) 실험실 시설(2차 보호시설)

① 실험실은 건물의 통제되지 않는 혼잡지역에 노출되어 있는 지역에서 벗어나 있어야 하며 실험실 출입이 제한되어야 한다. 두 개의 자동문으로 된 좁은 통로가 출입구에 필수적이며 문이 잠겨야 한다. 그 통로에 복장을 갈아 있을 수 있는 방이 마련되어 있어야 한다.
② 각 실험실은 손 씻는 싱크대가 있어야 한다. 그 싱크대는 자동 작동되어야 하며 출입문 가까이에 위치하여야 한다.
③ BSL-3 위험인자가 다루어지는 지역의 벽, 바닥, 천정의 내부 표면은 쉽게 세척이나 소독이 가능하도록 설계하여야 한다. 갈라진 틈은 봉합되어야 한다. 벽, 천장, 바닥은 실험실에서 사용되는 소독제와 시약에 견디어야 하고 액체가 침투하지 않는 부드러운 재질이어야 한다. 바닥은 모놀리스(monolithic)여야 하며 미끄럼이 방지되어야 한다.
④ 실험대는 방수, 방열되고 유기용매, 산, 알칼리와 작업대와 장비를 소독하기위해 사용되는 화학약품에 견디어야 한다.
⑤ 실험실 가구는 충분히 튼튼해야 하며, 각 가구 사이의 공간을 충분하게 확보하여 세척이나 소독이 쉽게 배치되어야 한다. 의자와 다른 가구는 쉽게 소독 가능한 비섬유 물질로 만들어져야 한다.
⑥ 실험실의 모든 창문은 밀폐되고 봉쇄되어 있어야 한다.
⑦ 모든 실험실 폐기물을 소독이나 멸균하는 방법은 그 시설에 비치되어 있어야 하며 실험실 내에 갖추어져 있는 것이 좋다. 만일 실험실 외부로 옮긴다면 적절하게 봉합하여 공공시설로 옮기지 말아야 한다.
⑧ 바이오 안전 캐비닛은 필수이며 출입문, 저장고에서 떨어진 장소에 위치하여야 한다.
⑨ 적절한 환기 시스템이 요구된다. 환기 시스템은 방향성 기류를 만들어 "깨끗한" 지역에서

공기를 실험실로 들이고 "오염된" 지역으로 흐르도록 하는 시스템이 요구된다. 배출 공기는 건물의 어떤 지역에 재순환되지 않는다. 배출 공기의 필터나 다른 처리가 요구되지 않으나 특정 물질의 조작과 사용 조건이 고려될 수 있다. 외부의 배출은 그 지역과 공기 흡입구로부터 떨어져 분산되거나 HEPA 필터를 사용하여야 한다. 실험자는 공기흐름의 방향이 적절한지잘 판단하여야 한다. 실험실 출입구에 공기의 흐름을 확인하거나 알 수 있는모니터를 설치하는 것이 좋다. HVAC 제어시스템은 실험실의 지속된 여압을차단하여 준다. 그 작동 여부는 경보기를 통하여 알 수 있다.

⑩ 바이오 안전 II군의 HEPA 필터가 장착된 배출 공기는 그 캐비닛이 검증되고 최소 1년 유지가 된다면 실험실 안으로 재순환한다. 바이오 안전 II군의 캐비닛의 배출 공기가 건물 배출 공기 시스템을 통하여 외부로 방출될 때 캐비닛은 캐비닛과 건물 배출시스템의 공기 균형의 방해를 피하는 방식으로 연결되어야 한다(예, 캐비닛 배출관과 배출관 사이의 공기 차이). 바이오 안전 캐비닛 III 군이 사용될 때 그것들은 바로 배출시스템으로 연결되어 있어야 한다.

⑪ 에어로졸이 발생될 수 있는 연속 회전 원심분리기나 기기는 실험실에서 방출되기 전에 HEPA 필터를 통하여 공기를 방출하는 장치가 포함되어야 한다. 이러한 HEPA 시스템은 최소 해마다 점검하여야 한다.

⑫ 진공 라인은 액체 비감염성 트랩과 HEPA 필터로 보호되어야 한다. 필터는 필요하면 교체한다.

⑬ 눈 세척 전용 시설이 실험실에 갖추어져야 한다. 모든 활동에 적절한 조명이 가능해야 한다.

⑭ 바이오안전 수준 III의 시설 디자인과 작동 절차는 문서화되어 있어야 한다. 작동 전에 그 시설의 작동 파라미터에 만족되는 확인 테스트가 이루어져야 한다. 최소한 해마다 실시하며 작동 경험에 의해 그 절차는 수정될 수 있다.

⑮ 위험평가, 조건에 따라 부가적인 환경 보호 시설이 고려되어야 한다.

4 생물실험실의 안전 장비

가. 실험실 안전 장비

대부분 흔한 노출의 경로는 아래와 같다.

① 입
② 호흡기
③ 피부 상처
④ 피부 침투
⑤ 눈의 결막
⑥ 병원균의 매개체

원인이 알려진 모든 감염의 65~75%가 호흡기 노출에 속한다. 생물학적 위험과 잠재적 감염성 물질을 다루는 작업자는 그것들과 관련된 위험을 알고 적절한 실험실 장비를 사용하여 불필요한 노출을 막는 것이 매우 중요하다.

개인보호장비는 생물학적 위험물질과 직접적인 접촉으로부터 보호한다. 개인보호 장비의 효과적인 사용은 작업하는 물질의 오염 가능성을 최소화하는 것이다.

(1) 눈 보호

옆면 보호대를 가진 보안경은 잠재적인 혈액, 체액 또는 시약류가 튀길 가능성이 있을 때 착용한다. 위의 상황이 확실하다고 판단되면 전용 고글을 착용한다. 콘텍트 렌즈 착용자는 눈과 얼굴 보호장구를 덮을 수 있는 적절한 덮개를 착용한다. 상황에 따라 안면 보호장비로 대체 사용할 수 있다.

(2) 안면 보호

튀거나 스프레이가 확실하면 외과용 마스크와 보호안경을 착용해야 한다. 이런 타입의 마스크는 에어로졸에 대해서는 보호받지 못한다. 턱 길이의 얼굴 보호장비를 착용해야 한다.

(3) 실험복

실험복은 실험용 코트, 작업복, 세척복, 가운 등의 종류가 있다. 실험복을 선택할 때 중요한 점은 소매의 길이이다. 긴 소매의 옷은 피부 오염을 최소화한다. 부가적으로 액체가 튈 가능성이 있다면 적절한 방수복을 착용하는 것이 좋다. 의류가 일회용이 아니면 오염이 되었을 때 멸균에도 견디어야 한다.

감염성 물질로 오염이 된 실험복은 그 지역을 떠나기 전에 제거하거나 폐기한다. 추가로 모든 오염된 의류는 실험실에서 버리든지 그 시설에서 세탁하여야 한다. 절대 집에서 세탁하지 않는다.

(4) 장갑

장갑은 위험물질이 다루어지거나 노출 가능성이 있으면 착용해야 한다. 라텍스 장갑은 거의 구멍이 나지 않으며 비닐장갑보다 사용 실패율이 아주 낮다. 만일 라텍스에 민감하거나 알러지가 있으면 니트릴 또는 특별하게 세척된 라텍스 장갑과 같은 합성 장갑을 착용해 본다.

위험도가 높으면 두 개의 장갑을 착용할 수 있다. 일반 실험실은 한 겹을 착용하고 바이오 안전 캐비닛에서 작업하는 경우 두 겹의 장갑을 착용할 수 있다. 위험물질과 작업할 때 보호를 최대화하기 위해서 장갑은 짧은 소매를 덮어야 한다. 긴 소매를 가진 장갑 또는 일회용 팔 보호장비를 착용할 수 있다. 유사하게 뜨거운 물질과 드라이아이스를 다룰 때 온도 저항 장갑을 착용한다. 오염되는 즉시 장갑은 버린다. 실험실 이외의 장소에서 절대로 착용하지 말고 일회용 장갑을 씻거나 재사용에 대한 미련을 버린다.

(5) 방독면

방독면은 감염성 에어로졸에 대비하는 부가적인 보호장비이다. 잠재적인 위험 환경에서 사용하기 전에 사용자는 자신에게 크기가 맞는지의 여부를 반드시 확인해야 하며 점검하여야 한다.

방독면은 크게 두 가지에 속한다. 공기정화 방독면은 필터, 카트리지, 여과통을 가지며, 이것들은 사용자에 도착하기 전에 오염된 공기가 공기정화 물질을 통과하여 오염물질을 제거한다. 이 부류에는 3가지의 공기 · 정화 방독면이 있다.

① 공기 중에 먼지, 흄, 미스트 등의 입자를 잡는 미립자용 방독면
② 미립자와 가스의 위험이 포함되는 환경에서 사용되는 혼합 방독면
③ 공기 중에 가스나 증기가 있을 때 사용하는 가스와 증기용 방독면

공기·공급 방독면은 바로 근원지에 깨끗한 공기를 공급한다. 이 방독면도 3가지 종류가 있다.

① 고압가스로부터 깨끗하고 안전한 공기를 옮기기 위해 호스를 사용하는 공기-공급용 방독면
② 일차 공급이 실패하면 사용할 수 있는 공기 보조장치를 가진 겸용 방독면
③ 착용할 수 있는 크린-공기공급 팩으로 구성된 공기 주입 가능 호흡 방독면

CHAPTER

07

화재안전 분야

학습내용

1. 연소(화재)의 3요소
2. 연소의 형태
3. 소화의 원리
4. 화재와 관련된 용어 정의
5. 화재의 확산과 연소 생성물
6. 화재의 분류와 소화기(전) 사용법
7. 화재 시 행동 요령

1 연소(화재)의 3요소

연소란 다량의 발열을 수반하는 발열화하는 것으로써 반응에 의하여 발생하는 열에너지 및 활성화에너지에 의해 자발적으로 반응이 계속되는 현상이다. 이 중에는 분자의 분해반응 및 분자 내 반응에 의해 열에너지를 발생하는 발열분해반응, 수소-브롬 간의 산화·환원반응 등 특수한 연소반응도 포함된다.

(완전연소) $C + O_2 \rightarrow CO_2 + 94.1$ kcal/mol

(불완전연소) $C + 1/2\ O_2 \rightarrow O + 26.4$ kcal/mol

탄화수소의 연소 시 완전연소의 경우는 탄산가스(CO_2)와 수증기(H_2O)가 생성되고, 불완전연소 시에는 일산화탄소(CO)와 수소(H_2)가 생성된다. 연료가 연소하려면 ① 가연성 물질 ② 산소 ③ 열에너지(점화원) 등의 3가지 요소를 반드시 갖추어야 하며 이중 한 가지라도 빠지면 연소는 일어나지 않는다.

가. 가연성 물질(가연물)

산화작용을 일으킬 수 있는 물질로써 발열반응을 수반하는 물질을 말한다. 가연물은 불에 탈 수 있는 물건을 말하며, 이는 다시 고체, 액체, 기체 연료의 3가지로 구분된다.

① 고체연료 : 연탄, 나무, 종이, 옷, 고무, 플라스틱 등
② 액체연료 : 석유, 휘발유, 알코올, 벙커C유 등
③ 기체연료 : LPG, LNG 등

나. 산소(공기)

연소는 산화작용이므로 가연성 물질이 산소와 결합해야 한다. 즉, 산소 없이는 연소가 되지 않으므로 연소과정에 있어서 산소를 포함하고 있는 공기의 공급으로 연소시킨다. 그러나 가연물 자체에서 다량의 산소를 함유하고 있어 다른 가연물질을 산화시키는 물질도 산소공급원이 될

수 있다.

불과 산소는 밀접한 관계가 있다. 우리가 호흡할 때 들이마시는 공기 중의 약 21%는 산소이며 가연물질의 종류에 따라 다르지만 공기중 산소 함량이 15% 이하로 줄어들면 불붙기 어려우며 고체의 경우에는 6% 이하로 감소하지 않는 한 불은 계속 붙거나 불꽃은 내지 않고 그을리면서 탄다.

다. 점화원

점화원이란 물질이 연소하는 데 필요한 에너지로써 가연물질이 연소반응을 시작할 때 가해지는 활성화에너지이다. 물질이 연소하기 위해서는 반드시 열이 있어야 하는데 이 열은 높은 열이어야 하며 그 양도 적당히 있어야 한다. 예를 들어 성냥불의 불꽃은 보통 가연물에 불을 붙이기에는 충분한 온도를 가졌으나 그 양이 적은 까닭에 통나무와 같은 큰 부피의 물체를 태울 수는 없다. 점화원의 종류는 다음과 같다.

1) 충격 및 마찰

두 개의 물체가 서로 충격, 마찰을 일으키면 열에너지가 발생하여 순간적으로 온도 차가 최대 1,000℃까지 상승할 수 있으므로 특히 유의해야 한다.

2) 나화 및 고온 표면

나화는 가연성 혼합가스나 기타 물질에 불을 붙일 수 있는 불꽃으로 담뱃불, 불티(굴뚝, 모닥불, 용접, 그라인더 불티 등), 촛불, 라이터 등이 있다. 고온 표면은 난로(히터), 가열로, 건조장치, 전기기기 등에서 방사하는 고온의 에너지가 가연물에 전달되면 열분해에 의한 가연물의 발화가 시작된다.

3) 단열압축

외부와의 열의 출입이 없이 압축하는 것으로 고압가스장치에서 밸브를 급히 개폐시킬 때 단열압축이 일어나는 일이 있어 주의가 요구된다.

4) 전기불꽃

전기불꽃을 발생시키는 종류에는 고전압의 방전, 스파크에 의한 방전, 접점스파크 등이 있다.

5) 정전기

정전기는 두 종류의 물질이 접촉한 뒤 서로 떨어질 때 발생되며, 정전압은 1,000~10,000 V 정도까지 발생하므로 착화가 가능하다.

2 연소의 형태

가. 확산연소

수소, 아세틸렌 등의 가연성가스가 관입구에서 공기 속으로 유출해서 연소를 할 때 가연성가스 분자와 공기 분자가 서로 섞여서 확산에 의하여 혼합이 되며, 가연한계농도에 들어오는 부분에 이르면 불꽃을 형성하므로 연소를 계속하여 이루어지게 한다.

나. 증발연소

알코올, 에테르 등의 인화성 액체의 연소에서 볼 수 있는 것 같이 액체의 증발에 있어서 일어나는 증기가 착화되어 불꽃을 일으키고 이 불꽃의 온도에 의하여, 액체의 표면이 가열되어서 액체의 증발을 촉진하여 연소를 계속 촉진시킨다. 나프탈렌, 황과 같은 상온에서 고체인 것은 그것이 가열되어서 승화하든지 또는 용융되어 증발하게 되면 똑같이 증발연소를 하게 된다.

다. 분해연소

나무, 석탄, 종이 등의 고체 가연물 또는 지방, 기름 등의 높은 비점의 액체 가연물이 연소할 때 물질의 열분해를 수반한다.

라. 자기연소

자기연소를 내부 연소라고도 한다. 셀룰로이드나 질산에스테르 중에는 열 분해에 의해서 기체 가연물과 함께 산소를 발생시키는 것이 있다. 이와 같은 물질은 공기 중의 산소를 필요로 하지 않고 자신의 분자 속에 포함되어 있는 산소에 의하여 연소한다.

마. 표면연소

나무의 연소에 의한 열분해의 결과 탄화작용이 일어나는 경우는 생성한 주정형 탄소의 고체 표면에 공기와 접촉하는 부분이 있어 착화가 되어 머무른 후 다시 연소가 계속 일어나게 된다. 박상 또는 분상의 금속, 예를 들면 알루미늄박, 마그네슘분의 연소 등이 이에 속한다.

3 소화의 원리

가. 가연물의 제거

불이 다른 곳에 옮겨 붙거나 번지는 것을 차단하는 것을 말한다. 화재현장 주위의 물체를 치우거나 다른 곳으로 옮겨야 하며, 산불이 났을 때 주위의 나무나 풀을 잘라내는 것이나 석유난로에 연결된 호스의 안전장치를 잠그는 것은 연료를 제거하여 불을 끄는 방법이다.

나. 냉각소화

불타고 있는 물체의 온도를 떨어뜨리기 위해서 물을 끼얹어 열을 제거하는 방법으로 물은 다른 물질에 비해서 많은 열을 흡수하는 성질이 있으며, 물이 수증기로 변하면서 흡수하는 열량은 다른 소화약제보다 10배에 가까운 효과를 지니고 있다. 그러나 유류 화재, 전기화재, 화공약품과 같은 화재는 물을 사용해서는 안 된다.

다. 산소의 차단

화재 시 산소의 공급을 차단하여 불이 꺼지게 하는 방법으로 질식에 의한 소화라고도 하는데 부대에 담긴 모래나 담요, 그리고 소화기를 사용하여 산소의 공급을 막으면 불은 꺼지게 된다.

연소의 3요소를 그림으로 표현하면 아래와 같으며, 연소의 3요소가 모두 존재하면 연소가 되며 (화재), 연소의 3요소 중 하나를 제거하면 연소가 되지 않아 소화가 된다. 따라서 불을 끄기 위한 소화 활동은 연소의 3요소 중 하나를 제거하는 것이다.

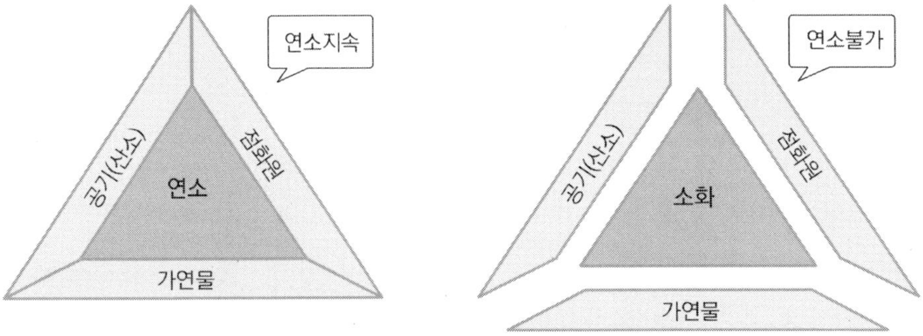

그림 7.1 연소의 3요소

4 화재와 관련된 용어 정의

가. 인화점

인화점은 인화성 액체의 증기에 불이 붙을 만큼 충분한 농도의 증기를 발생시킬 수 있는 최저 온도를 말한다. 일반적으로 가솔린 시너 등 인화성 액체는 온도가 올라가면 자체의 증기압 증가하여 액체 표면에서 증기가 발생한다. 발생된 증기농도가 적으면 불이 붙지 않으나 일정 농도 이상 시 점화원에 의해 불이 붙는다. 인화점은 연소성을 나타내는 상대적 척도로 인화점이 낮을수록 상온에서 불이 붙기 쉽다는 것을 의미한다.

나. 발화점

발화점은 가연성 물질이 점화원이 없이도 스스로 불이 붙는 최저 온도를 말한다. 예로써 가솔린의 발화점은 257℃이고, 목재의 발화점은 350℃이다.

다. 연소범위(폭발범위)

가연성가스나 인화성 액체의 증기가 공기와 일정 농도로 혼합 시 점화원이 주어지면 불이 붙는 연소범위(한계)를 말한다. 이때 최소증기 농도를 연소하한계, 최대증기 농도를 연소상한계라 부른다. 예로써 가솔린의 연소범위는 1.4~7.6%이고, 메탄은 5.1~15.0% 정도이다. 일반적으로 연소하한계가 낮을수록, 상한과 하한값의 차가 클수록 연소(폭발)되기 쉬우므로 위험하다.

표 7.1 주요 가스의 연소범위

가스 명	연소범위(LFL-UFL,%)	가스 명	연소범위(LFL-UFL,%)
아세틸렌	2.5~80	메탄	5.3~14
수소	4~75	에탄	3.2~12.5
일산화탄소	12.5~74	프로판	2.4~9.5
황화수소	4.3~45.5	부탄	1.8~8.4
암모니아	15~28	아세톤	2.5~13

5 화재의 확산과 연소 생성물

일단 화재가 나면 불은 외부 공기로부터 산소를 공급받아 불꽃으로부터 되돌아온 열에 의해 연속적으로 재점화, 확산하여 다른 가연물질을 태우면서 확대해 나가는데 이러한 확대 현상은 직접 물질이 화염에 접촉하면서 진행하는 것이 대부분이나 열의 이동이나 불꽃(불티)이 날아가는 현상(비산)도 있다. 이 두 가지 물리적인 상태가 단독 또는 중복해서 불이 진행하게 되는데 이 중에서 특히 열의 이동에 의해서 확대하는 경우도 전도, 대류, 복사의 3가지 작용에 의하여 진행되는 이들 중 하나에만 의하지 않고 3가지가 동시에 작용한다.

가. 전도

열이 물질 속으로 전해져 가는 현상으로 온도가 높은 쪽에서 낮은 쪽으로 이동하는 성질을 말하며 일반적으로 고체는 기체보다 열이 잘 전달된다. 예를 들어 철사 끝을 불로 가열하면 얼마 후 다른 한쪽까지 뜨거워지는 현상을 말한다.

나. 대류

가열된 공기의 움직임에 의해 열이 이동하는 현상을 말한다. 방안에 난로를 피웠을 때 따뜻한 공기는 가벼워져서 위로 올라가고 찬 공기는 아래로 내려오는 현상이 반복되어 실내가 따뜻하게 되는 현상이 그 예라 할 수 있다.

다. 복사

고열체로부터 저열체로의 열의 이동이 전도나 대류와는 달리 중간의 매개물 없이 직접 열이 이동하는 현상으로 태양열이 지상의 물체를 따뜻하게 해주는 현상이 대표적인 예다.

라. 연소(화재)의 생성물

연소(화재) 시 생성물은 연소가스, 열 (화염), 및 연기이다. 연소가스는 연소생성물 중 기체상태인 것으로, CO_2, CO, 아황산가스, 포름알데히드 등이 발생된다. 열은 인체의 화상과 열기에 의한 호흡 시 기도열상 및 체온조절 기능 상실 등이다. 연기의 구성이 작은 액적, 고체입자이고, 연소가스가 응축되어 액적 상태의 타르, 탄소입자 등을 생성한다.

6 화재의 분류와 소화기(전) 사용법

가. 화재의 분류

화재의 분류는 A급(일반화재), B급(유류화재), C급(전기화재) 및 D급 (금속화재) 등 4등급으로 나눈다.

(1) A급 화재

종이, 섬유, 목재 등에 의한 화재이다. 화재 원인은 흡연이 금지되어 있는 실험실에서 담뱃불이나 화기 취급 부주의로 발생된다.

(2) B급 화재

휘발유, 시너 등 인화성 액체에 의한 화재이다. 석유난로, 난방기구의 전도나 유류취급 기구에서 흘러나온 기름에 불씨가 접촉되거나 인화성 액체 증기가 공기와 혼합하여 가연 범위 이내에서 점화원(착화원)이 주어졌을 때 화재가 발상한다.

(3) C급 화재

단락(합선), 누전, 과전류, 및 스파크 등에 의한 화재이다. 단락은 전선, 전기기구의 절연체가 파손되어 +, -의 전선이 서로 접촉하는 현상으로 순간적으로 많은 양의 전류가 흘러 스파크와 열을 발생하여, 주위 가연성 물질 온도를 발화점 이상으로 올려 발화한다. 누전은 전선, 전기기구의 절연 불량으로 전류가 다른 곳으로 흐르는 현상으로 누설전류가 다른 금속체를 따라 흘러 저항이 큰 금속체 부분에서 과열로 열 발생하여 주위 가연성 물질 온도를 발화점 이상으로 올려 화재가 발상한다. 과전류는 전선의 허용전류를 초과하여 더 많은 전류가 흐르는 현상으로 전선에 열이 축적되어 화재가 발생한다. 스파크는 스위치, 전등을 켜거나 끌 때 발생하여 인화성 액체의 증기, 가연성가스가 공기와 혼합하여 연소범위 내에서 스파크가 점화원으로 작용하여 전선에 열이 축적되어 화재가 발생된다.

(4) D급 화재

알루미늄, 마그네슘 분말 등 가연성분진에 의한 화재이다. D급 화재에서는 절대로 물로 소화하면 안 된다. 따라서 팽창질석이나 건조사 등 D급에 적당한 화학약제를 사용한 소화기를 사용해야 한다.

나. 소화기 사용법

초기 화재진압을 위한 가장 중요한 소화설비는 분말소화기, CO_2 소화기, 하론 소화기이다.

소화기 사용법은 아래와 같다. 소화기는 눈에 잘 띄는 장소 (1～1.5 m 높이)에 보관하고 소화기 표지판을 부착한다.

다. 옥내소화전 사용법

옥내소화전 사용법은 먼저 옥내소화전 함의 문을 개방하고, 결합된 호스와 노즐(관창)을 화재 지점까지 끌고 간다. 소화전 함의 밸브를 시계 반대 방향으로 돌려 물을 나오면 화재 지점을 향해 물을 뿌린다.

1. 안전핀을 뽑고	2. 화염을 향하고	3. 손잡이를 강하게 움켜쥐며	4. 비로 쓸 듯이 소화

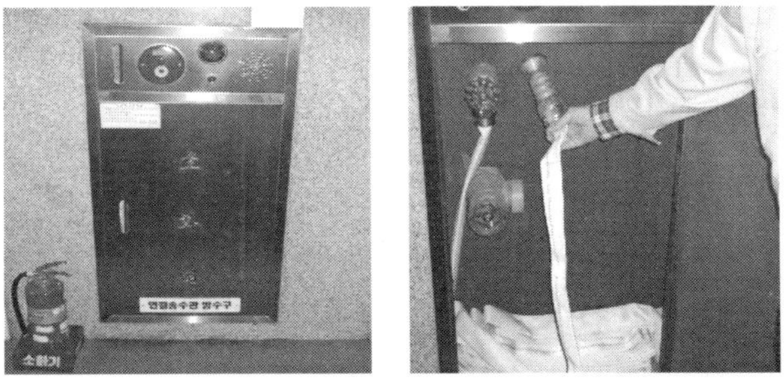

그림 7.2 옥내소화전

(1) 옥내소화전 구성요소

① 발신기 : 화재가 발생한 경우 누름스위치를 눌러 화재 사실을 전파하기 위한 장치

② 위치표시등 : 화재로 인한 연기발생 또는 정전 시 소화전의 위치를 알려주는 표시등

③ 펌프기동램프 : 옥내소화전 사용으로 소화전 펌프가 기동되고 있음을 알려주는 표시등

④ 경종 : 화재 사실을 주변에 알려주는 경종

⑤ 앵글밸브 : 소화수 개방 및 잠금 밸브

⑥ 소방호스 : 소화수를 화점 주변으로 이동하여 사용할 수 있도록 하는 호스

⑦ 방사관창 : 소화수를 용도에 맞게 직사형 또는 방사형으로 조절하여 사용할 수 있는 방사관창

(2) 옥내소화전 사용 방법

옥내소화전은 일반적으로 2인 1조 또는 3인 1조로 사용하며, 그 사용 방법은 다음과 같다.

① 옥내소화전을 열고 소방호스와 방사관창(노즐)을 꺼낸다.

② 화재 발생 장소로 이동한다.

③ 앵글밸브를 개방하고 화재장소로 접근한다.

④ 화점에 소화수를 방사한다(방사관창을 이용하여 직사 또는 방사).

⑤ 화재진압 완료 후 앵글밸브를 잠근다.

⑥ 호스는 그늘에서 건조 후 보관한다.

그림 7.3 옥내소화전 사용법

7 화재 시 행동요령

가. 화재 초기의 행동요령

① 최초 불 목격자는 “불이야”라고 큰소리로 외친다.
② 즉시 소화기나 옥내소화전으로 화재를 진압한다.
③ 초기 진화 불가능 시 자체 방재센터와, 소방관서에 신고한다. 침착하게 기관명(사업장), 위치 및 화재 종류 등을 신고하고 평상시 화재신고 요령을 연습한다.
④ 화재가 확대되면 신속히 대피한다.

나. 화재 시 행동요령

① 전기화재 - 개폐기를 내려서 전기의 흐름을 차단한다.
② 가스화재 - 밸브를 먼저 잠근다.
③ 유류화재 - 모래나 물에 젖은 모포로 덮어서 끈다.

다. 화재 시 대피요령

① 통로의 유도등을 따라 침착, 질서, 신속히 대피하고 안내원의 지시에 따른다.
② 대피 중 화재경보기가 있으면 작동하여 다른 사람에게 알린다.
③ 비상구나 계단을 통한 대피 시 문을 닫으면서 화재의 연기확산을 지연시킨다.
④ 화재 발생 시 승강기 사용을 금지하고 정전으로 인해 승강기가 정지하여 승강기 안에 갇히는 일이 없도록 한다.
⑤ 화재 시 인명피해의 주요 요인은 연소가스, 연기이므로 수건에 물을 묻혀 코에 대고 숨은 짧게 쉬면서 대피한다.
⑥ 비상구, 출입문을 열고 대피 시 함부로 문을 열지 않으며, 손잡이가 뜨겁거나 문틈으로 연기가 들어오면 밖에 화재가 발생된 증거이다.

CHAPTER

08

가스안전 분야

학습내용

1. 가스의 분류
2. 가스의 유해성
3. 가스의 안전설비
4. 가스시설의 유지관리

1 가스의 분류

가스는 기체의 총칭으로 기체와 동의어이다. 고체와 달리 일정한 모양과 부피를 갖지 않으며, 액체처럼 유동성은 있으나 용기 전체에 확산되고, 액체보다 훨씬 압축되기 쉬운 상태에 있는 물체의 상태를 가리킨다. 액체는 기화에 의해 기체로 변하고, 고체는 승화에 의해서 바로 기체로 변한다. 또한 이 반대의 변화도 일어난다. 일반적으로 가스를 상업적으로 분류할 때 산업용 가스와 특수가스로, 유해성으로 분류할 때는 불연성 가스, 가연성가스, 부식성가스, 조연성 가스 및 독성가스로 구분한다.

(1) 산업용 가스

산업용 가스란 원유정제, 석유화학, 정밀화학, 발전, 광업, 제련, 금속, 의학, 음료 등에 널리 사용되는 가스를 지칭하며, 대기 중의 주요 구성 성분인 산소, 질소, 아르곤 및 미량 구성요소인 이산화탄소, 헬륨, 수소 등을 의미한다. 즉, 주변에서 쉽게 반응 등을 거치지 않고 접할 수 있는 가스들이라 볼 수 있다.

(2) 특수가스

특수가스란 일상 대기 중에서 존재하나 구성 비율이 매우 희박한 가스(네온, 제논, 크립톤 등)와 일상 자연환경에서는 존재하지 않는 삼불화질소, 실란 등의 가스, 자연 상태에서는 존재하지 않는 특정 구성 비율을 가진 혼합가스와 초고순도로 정제된 산업용 가스들로 구성되어 있다. 특히, 반도체와 LCD 제조 공정 등 전자 산업용으로 사용되는 특수가스들을 일반적으로 Electronics Specialty Gas라 부르며 이들 전자산업용 특수가스는 매우 높은 순도의 품질을 요구하고 있다.

표 8.1 반도체 공정에서 사용되는 특수가스

가스명	연소성	반응성	주의사항
염화수소(HCl)	산소에 대해서 안정	불소와 심하게 반응	수준의 존재로 강상이 되며, 대부분의 금속을 부식
불화수소(HF)	발연성	유리, 석영 등과 반응하여 녹임	폴리에틸렌, 구리, 백금 사용 가능 유리, 석영 등은 쉽게 침식
브롬화수소(HBr)	불연성(공기중 습기에 의해 연기 발연)	산소와 폭발적으로 반응하여 수소 생성	염산보다 약한 산성
육불화황(SF_6)	불연성	불순물이 섞일 경우 분해되면서 유독	높은 온도에서 분해되지 않는 장점으로 인해 전기절연용 가스로 사용
염소(Cl_2)	지연성	수소와 폭발적으로 반응	Dry Gas는 Steel, SUS, 동합금 사용 가능
사불화탄소(CF_4)	불연성	가연성가스와 혼합하여 점화하면 분해하여 유독가스 발생	부식성 없음
황화수소(H_2S)	공기 중 청백색 불꽃을 내며 연소	염소, 브롬과 강하게 반응	알루미늄, SUS 사용 가능
포스핀(PH_3)	공기 중 자연발화	염소등의 할로겐가스와 심하게 반응	탄소강, SUS, 모넬, 하스텔로이 등 사용 가능
디보란(B_2H_6)	공기 중 자연발화	염화수소 등의 할로겐가스와 심하게 반응	일반 금속 사용 가능

(3) 액화 압축가스, 비액화 압축가스

일반적으로 사용되는 용기 내에 액상 부분이 존재하면 액화 압축가스로, 용기 내에 가스만 존재하는 경우는 비액화 압축가스로 구분된다.

(4) 특수고압가스

특수고압가스란 압축모노실란, 압축디보레인, 액화알진, 포스핀, 세렌화수소, 게스만, 디실란 및 그 밖에 반도체의 세정 등 산업통산자원부 장관이 인정하는 특수한 용도에 사용되는 고압가스를 말한다.

(5) 특정고압가스

특정고압가스란 고압가스안전관리법 제20조 및 동법 시행령 제16조에 각각 규정되어 있는 가스로 수소, 산소, 액화암모니아, 아세틸렌, 액화염소, 천연가스, 압축모노실란, 압축디보레인, 액화알진 등 총 20종의 가스를 말한다.

(6) 독성가스

독성가스란 공기 중에 일정량 이상 존재하는 경우 인체에 유해한 독성을 가진 가스로서 허용농도(해당 가스를 성숙한 흰쥐 집단에게 대기 중에서 1시간 동안 계속하여 노출시킨 경우 14일 이내에 그 흰쥐의 2분의 1 이상이 죽게 되는 가스의 농도를 말한다)가 100만분의 5000 이하의 것과 지정 가스를 말한다.

(7) 가연성가스

가연성가스란 수소, 메탄, 아세틸렌, 암모니아, 일산화탄소, 에탄, 프로판 및 그 밖에 공기 중에서 연소하는 가스로서 폭발한계(공기와 혼합된 경우 연소를 일으킬 수 있는 공기 중에 가스 농도의 한계)의 하한이 10% 이하인 것과 폭발한계의 상한과 하한의 차가 20% 이상인 것을 말한다.

(8) 액화가스

액화가스란 가압, 냉각 등의 방법에 따라 액체 상태로 된 것으로서 대기압에서의 비점이 섭씨 40도 이하 또는 상용의 온도 이하인 것을 말한다.

2 가스의 유해성

가스, 화학물질 등의 유해성을 알기 위해서는 미국 교통부 유해성 분류(Department of

Transportation Hazard Classes, DOT 유해성 분류)의 체계를 살펴보면 취급하고자 하는 가스의 유해성을 인식하는 데 도움이 된다. 가스에 대한 DOT 유해성분류는 크게 5가지로 나누어 생각할 수 있다. 불연성(Non-Flammable), 가연성(Flammable), 산화성(Oxidizer), 독성(Toxic) 및 부식성(Corrosive)이다.

가. 가연성

가연성가스는 불연성 가스가 가지는 유해성에 추가적으로 화재 또는 폭발을 일으키는 성질을 가지고 있다. 가연성가스의 유해성을 인식할 때의 주요 인자로는 대기 중에서의 연소범위(Flammable Range In Air), 자연발화온도(Auto Ignition Temperature, AIT), 비중(Gravity) 세 가지가 있다.

나. 독성

독성은 생명체에 나쁜 영향을 주는 것을 의미한다. 일반적으로 독성물질이 인체에 미치는 경로는 흡입(Inhalation), 흡수(Absorption), 섭취(Ingestion) 등의 형태로 유발되며 독성가스로 인한 중독 현상은 대부분 흡입에 의하여 발생하게 된다. 독성물질의 유해성을 나타내는 인자들은 크게 TLV-TWA(Threshold Limit Value-Time Weighed Average), LC50(반수치사 농도값), IDLH(Immediately Dangerous to Life and Health)가 있다.

다. 불연성

불연성 가스는 연소가 되지 않는 가스를 말하며 대표적으로 질소, 헬륨, 아르곤 등의 산업용 가스와 제논, 크립톤, 육불화황, 사불화탄소 등의 특수가스가 불연성의 특징을 가지고 있다. 이들 가스는 매우 안정적이며 쉽게 접할 수 있는 물질들이어서 사용자가 취급하기에 가장 안전하다고 인식하기 쉬운 제품들이다. 하지만, 취급 및 사용 시 가장 큰 위험성을 지닌 가스로 취급되어야 하는 가스이다. 이들 물질은 'Lowest Hazard But Highest Risk(유해성은 가장 낮지만 가장 위험한 가스'로 인식되어야 한다는 의미이다. 불연성 가스는 무취, 무미, 비자극성 특징을 가지고 있으므로 실내에서 가스누출이 발생한 경우 적절한 환기와 감지기를 통한 연구활동 종사자의 보호가 이뤄지지 않는다면 산소 결핍환경이 유발되어 치명적인 결과를 초래할 수 있다. 따라서 불연성 가스를 실내에서 취급하고 있는 연구실에서는 반드시 환기와 산소농도 감지를 통한 연구활동 종사자 보호가 반드시 이루어져야 한다.

라. 산화성

산화성 가스란 주변 물질의 연소 및 반응을 촉진하는 특징을 가진 가스로 대표적으로 산소, 삼불화질소, 아산화질소, 불소, 염소 등이 있다. 산화성 가스의 유해성은 이들 가스의 농도가 높아지면 급격하게 연소성과 반응성이 증가되는 데 있다. 일반적으로 산소 농도가 23.5%를 초과할 때부터 산소농도 과잉환경으로 부르고 있으며, 이들 산화제 농도가 높아진 상태에서는 가연성가스들의 연소범위는 일반 대기 중에서의 범위보다 넓어지게 되며 또한, 자연발화 온도도 낮아지게 되어 화재가 발생할 우려가 매우 높아진다.

마. 부식성

부식(Corrosion)이란, 어떠한 환경 속에 놓인 재료가 화학적 또는 전기화학적으로 퇴화하는 현상을 말한다. 부식성가스는 작업자 신체와 장비에 부식을 유발하는 가스 물질로서 불화수소, 삼불화붕소, 염소, 암모니아 등이 있다. 일반적으로 용기 내 저장된 가스는 무수 상태이므로 부식성을 지니고 있지 않다. 즉, 가스가 용기로부터 인출되어 대기 중의 수분과 만나는 시점부터 부식에 의한 유해성이 발생한다고 보면 된다. 따라서, 부식성가스를 사용하는 장비는 사용 전 수분을 제거하고 통제하는 것이 무엇보다도 중요한 요소가 된다. 그리고 부식성가스를 사용하는 장비의 재질들은 반드시 취급, 사용하는 가스에 적합한 것으로 선택해야 하며 개인보호구를 선정할 때도 해당 독성가스에 적응성이 있는 보호구를 선택하여야 한다.

대부분의 부식성가스는 독성을 지니고 있음을 주지하여야 한다. 일반적으로 부식성가스를 분류할 때는 산성계열의 가스와 염기성 계열의 가스로 분류한다. 산성계열의 가스는 누출 시 대기 중의 수분과 결합하여 산성 물질을 형성하고 반대로 염기성 계열의 가스는 염기성 물질을 형성하게 된다. 따라서 이들 가스누출이 발생한 장소에는 누출되는 가스를 차단한 이후에도 형성된 산성 또는 염기성 물질로 오염이 발생할 수 있으며 이들 오염된 물질은 약산성 또는 약알칼리성 물질로 중화시켜 오염된 부위를 제어해야만 2차 재해를 예방할 수 있다.

3 가스의 안전설비

가. 가스누출경보장치

독성가스, 가연성가스, 초저온 가스의 저장 및 사용설비에는 가스가 누출될 경우 이를 신속히 검지하여 효과적으로 대응할 수 있도록 하기 위해 다음 기준에 따라 가스누출검지경보장치(이하 "검지경보장치"라 한다)를 설치해야 한다.

(1) 검지 경보장치 기능

검지 경보장치는 가연성가스 또는 독성가스의 누출을 검지하여 그 농도를 지시함과 동시에 경보를 울리는 것으로서 다음의 기능을 가진 것으로 한다.

① 경보는 접촉연소방식, 격막갈바니전지방식, 반도체방식, 그 밖의 방식으로 검지하여 이미 설정하여 놓은 가스농도에서 자동적으로 울리는 것으로 한다.

② 경보농도는 검지경보장치의 설치장소, 주위 분위기 온도에 따라 가연성가스는 폭발하한계의 1/4 이하, 독성가스는 TLV-TWA기준 농도 이하로 한다(다만, 암모니아를 실내에서 사용하는 경우는 50 ppm으로 할 수 있다.).

③ 경보기의 정밀도는 경보농도 설정치에 대하여 가연성가스용에서는 ±25% 이하, 독성가스용에서는 ±30% 이하로 한다.

④ 검지에서 발신까지 걸리는 시간은 경보농도의 1.6배 농도에서 보통 30초 이내로 한다. 다만, 검지 경보장치의 구조상이나 이론상 30초가 넘게 걸리는 가스(암모니아, 일산화탄소 등)에서는 1분 이내로 할 수 있다.

⑤ 지시계의 눈금은 가연성가스용은 0~폭발하한계 값, 독성가스는 0~TLV-TWA 기준 농도의 3배 값을 명확하게 지시하는 것으로 한다.

⑥ 경보를 발신한 후에는 원칙적으로 분위기 중 가스농도가 변화하여도 계속 경보를 울리고, 그 확인 또는 대책을 강구함에 따라 경보가 정지되게 한다.

(2) 검지 경보장치 구조

검지 경보장치는 다음 기준에 적합한 것으로 한다.

① 충분한 강도를 지니며, 취급 및 정비가 쉬워야 한다.
② 가스에 접촉하는 부분은 내식성의 재료 또는 충분한 부식방지 처리를 한 재료를 사용하고 그 외의 부분은 도장이나 도금처리가 양호한 재료이어야 한다.
③ 가연성가스(단, 암모니아 제외)의 검지 경보장치는 방폭성능을 갖는 것이어야 한다.

(3) 설치장소 및 설치개수

검지 경보장치의 설치장소 및 설치개수는 다음 기준에 따른다.

① 실험실 안에 설치되어 있는 가스사용시설 등 가스가 누출하기 쉬운 장비를 설치한 곳 주위에는 누출한 가스가 체류하기 쉬운 장소에 이들 설비군의 둘레 10 m마다 1개 이상의 비율로 계산한 수를 설치한다.
② 실험실 밖에 설치되어 있는 가스사용시설 주변 누출된 가스가 체류할 우려가 있는 장소에 그 설비군의 바닥 면 둘레 20 m마다 1개 이상의 비율로 계산한 수를 설치한다.
③ 검지 경보장치의 검출부는 가스비중, 주위상황, 가스설비 높이 등 조건에 따라 적절한 높이에 설치한다.
④ 감지 대상 가스의 비중이 공기보다 무거운 경우에는 실험실 바닥에서 30 cm 이내에 설치한다.
⑤ 감지 대상 가스의 비중이 공기보다 가벼운 경우에는 배기구 부근 또는 실험실 천정에서 30 cm 이내에 설치하여야 한다.
⑥ 액체질소, 액체알곤 등 불활성의 초저온 가스를 보관 및 사용하는 장소에는 산소농도측정기를 설치하여야 하며, 설치장소는 실험실 바닥에서 1.5 m 부근에 설치한다.
⑦ 감지기의 설치 위치는 다음 사항들을 추가로 고려하여야 한다.
- 감지 대상 가스의 밀도는 공기에 비해 무겁거나 가벼울 수 있으나, 일반적인 작업 공간에서 가스 농도가 공기의 비중에 미치는 영향은 무시할 수 있다.
- 주변 공기의 유속 및 방향은 감지하고자 하는 가스의 확산에 영향을 준다.
- 주위온도는 제조자가 제시한 사용온도 범위에 부합하는 장소에 설치하여야 한다

- 모든 감지기 및 검지센서는 진동을 최소화할 수 있는 방법으로 설치하여야 한다.
- 검지센서의 위치는 향후 유지 및 검·교정을 고려하여 결정하여야 한다.
- 벽, 칸막이, 분리대와 같은 구조물은 가스를 축적시킬 수 있다.
- 감지기는 전자파 등의 간섭을 일으키지 않도록 설치하여야 한다.
- 전자파 간섭이 유발되는 장소에서는 적절하게 접지하고, 차폐된 전선을 사용하여야 하며, 감지기의 외함이 도전체인 경우는 적절한 접지를 하여야 한다.
- 무정전 전원 공급장치를 통해 전원을 공급하는 것을 권장한다.

⑧ 검지기의 오동작 우려가 있는 다음과 같은 장소에는 검지기의 설치를 가능한 피하여야 한다.

- 진동이나 충격이 있는 장소
- 온도 및 습도가 높은 장소
- 고전압 및 고주파수 등 전자 잡음이 발생하는 장소
- 출입구의 부근 등과 같이 외부 기류가 통하는 장소
- 급기구 등 공기가 들어오는 곳으로부터 1.5 m 이내의 장소 등
- 검지 경보장치의 경보부, 램프의 점등 또는 점멸부는 관계자가 상주하는 곳으로 경보가 울린 후 각종 조치를 하기에 적합한 장소에 설치한다.

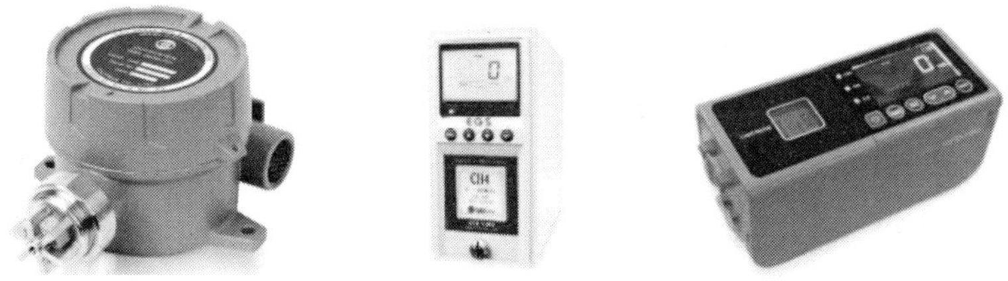

확산식 흡입식 휴대용

그림 8.1 가스누출경보장치(이미지 출처 : 가스트론)

나. 자동차단장치(밸브셔터)

가연성 및 독성가스 설비는 가스가 누출될 경우 이를 신속히 검지하여 자동으로 차단될 수 있도록 자동차단장치를 설치하여야 한다. 자동차단장치는 사용하는 가스의 양, 설비의 특성을 고려하여 가스용기의 메인밸브를 잠그는 방식 또는 1차 압력 조정기 후단의 배관을 차단하는

방식 중 적절한 것을 선택할 수 있다.

방폭형 전동 밸브셔터 차단부

공기 압력형 밸브 셔터 차단부

그림 8.2 밸브셔터(이미지 출처 : 게코전자)

다. 과압안전장치

고압가스설비에는 그 고압가스설비 내의 압력이 상용의 압력을 초과하는 경우 즉시 상용의 압력 이하로 되돌릴 수 있도록 하기 위하여 다음 기준에 따라 과압안전장치를 설치해야 한다.

(1) 과압안전장치의 선정

가스설비 등에서의 압력상승 특성에 따라 다음 기준에 따라 과압안전장치를 선정한다.

① 기체 및 증기의 압력상승을 방지하기 위해 설치하는 안전밸브

② 급격한 압력상승, 독성가스의 누출, 유체의 부식성 또는 반응생성물의 성상 등에 따라 안전밸브를 부적당한 경우에 설치하는 파열판(단, 파열판 후단에 안전밸브를 추가로 설치하고 파열판과 안전밸브 사이에 압력계를 설치하여 파열판의 동작 여부를 확인할 수 있도록 한다.)

③ 펌프 및 배관에서 액체의 압력상승을 방지하기 위해 설치하는 릴리프밸브 또는 안전밸브

④ ①부터 ③까지의 안전장치와 병행 설치할 수 있는 자동압력제어장치(고압가스설비 등의 내압이 상용의 압력을 초과한 경우 그 고압가스설비 등으로의 가스유입량을 감소시키는 방법 등에 의해 그 고압가스설비 등 내의 압력을 자동적으로 제어하는 장치)

(2) 과압안전장치 설치위치

과압안전장치는 고압가스설비 중 압력이 최고허용농도 또는 설계압력을 초과할 우려가 있는 다음의 구역마다 설치한다.

① 내·외부 요인에 따른 압력상승이 설계압력을 초과할 우려가 있는 압력용기 등
② 배관 내의 유체가 2개 이상의 밸브에 의해 차단되어 외부열원에 따른 열팽창으로 파열이 우려되는 배관
③ 압력조절실채, 이상반응, 밸브의 막힘 등으로 인한 압력상승이 설계압력을 초과할 우려가 있는 고압가스설비 또는 배관 등

(3) 과압안전장치 구조 및 재질

과압안전장치의 구조 및 재질은 그 과압안전장치가 설치되는 가스설비 등의 내에 있는 고압가스의 압력 및 온도에 견딜 수 있고, 그 고압가스에 내식성이 있는 것으로 한다.

(4) 과압안전장치 연결

과압안전장치(릴리프 밸브)를 통해 분출된 가스는 밴트라인으로 연결하여 옥외 또는 적절한 처리장치로 이송하여야 한다.

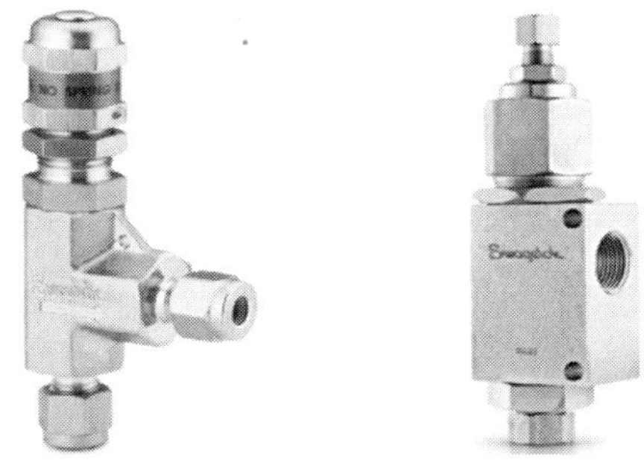

비례식 릴리프 밸브　　　중압 릴리프 밸브

그림 8.3 릴리프밸브(이미지 출처 : Swagelok)

라. 역류방지장치

독성가스의 감압설비와 그 가스의 반응설비 간의 배관에는 긴급 시 가스가 역류되는 것을 효과적으로 차단할 수 있는 역류방지장치를 설치해야 한다.

체크밸브(스테인리스스틸)

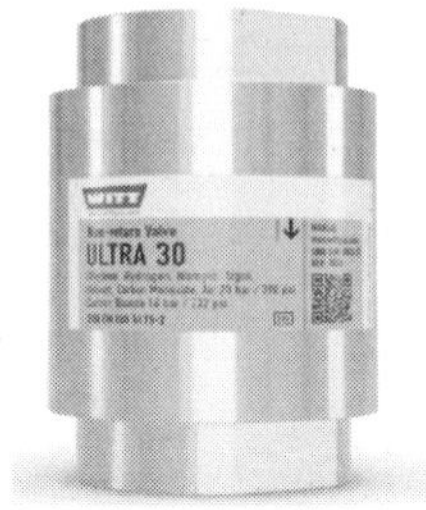

체크밸브(황동)

그림 8.4 체크밸브(이미지 출처 : Wittgas)

마. 역화방지장치

수소화염 또는 산소·아세틸렌화염을 사용하는 시설의 분기되는 각각의 배관에는 가스가 역화되는 것을 효과적으로 차단할 수 있는 역화방지장치를 설치해야 한다.

① 자연발화온도 이상의 가연성가스를 퍼니스 등 실험장비에서 사용할 경우, 역화방지장치를 설치하여야 한다.

② 프로판 및 부탄 등 액화가스를 사용하여 용접을 할 경우, 역화방지장치를 설치하여야 한다.

유니버셜 역화방지기

고압용 역화방지기

그림 8.5 역화방지기(이미지 출처 : Wittgas)

바. 중화제독설비

독성가스를 저장 및 사용하는 시설에는 그 시설로부터 독성가스가 누출될 경우 그 독성가스로 인한 중독을 방지하기 위하여 다음 기준에 따라 중화제독설비를 설치한다.

(1) 중화제독의 일반사항

① 독성가스는 중화제독설비에 의해 처리하여 허용농도(TWA) 이하로 대기 방출하여야 한다.
② 독성가스를 사용하는 실험장비 및 가스케비닛과 중화제독설비는 가능한 가깝게 설치하며 독성가스를 직접 처리하여야 한다.
③ 중화제독방법은 산화, 환원, 중화, 가수분해, 흡수, 흡착 또는 이들의 조합 또는 그 밖의 동등 이상의 방법에 의해 처리하는 것으로 한다.

(2) 중화제독방법의 선정

중화제독조치는 다음의 방법이나 이와 동등 이상의 작용을 하는 조치 중 한 가지 또는 두 가지 이상인 것을 선택하여야 한다.

① 물이나 흡수제로 흡수 또는 중화하는 조치
② 흡착제로 흡착 제거하는 조치
③ 연소설비에서 안전하게 연소시키는 조치
④ 플라즈마 또는 촉매를 이용하여 제거하는 조치

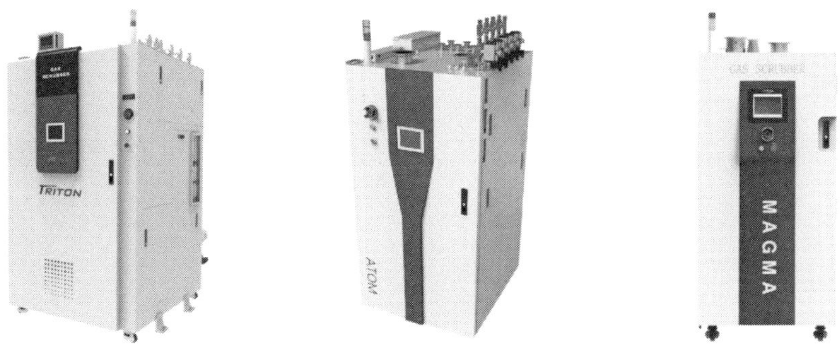

Burn Type　　Plasma Type　　Heater Type

그림 8.6 중화제독장치(이미지 출처 : 유니셈)

사. 실린더 캐비닛

실린더 캐비닛은 특정고압가스 등 독성가스 등을 안전하게 사용하기 위하여 배관, 안전장치 등이 일체로 구성된 설비로 연구장비까지 안전하게 공급해 주며 가스의 누출 시 확산을 방지하고 가스공급을 자동으로 차단·배기되도록 구성된 고압가스 공급장치이다.

(1) 구조

실린더 캐비닛은 그 실린더 캐비닛의 안전성·편리성 및 작동성을 확보하기 위해서 다음 기준에 적합한 것으로 한다.

① 실린더 캐비닛은 그 내부의 누출된 가스를 항상 제독설비 등으로 이송할 수 있고 내부압력이 외부압력보다 항상 낮게 유지할 수 있는 구조로 한다.
② 실린더 캐비닛 안에 설비 중 고압가스가 통하는 부분은 안전율이 4 이상으로 설계된 것으로 한다.
③ 실린더 캐비닛은 그 내부의 배관 접속부 및 기기류를 용이하게 점검·확인할 수 있는 구조로 한다.
④ 실린더 캐비닛 내부의 충전용기 또는 배관에는 외부에서 조작이 가능한 긴급 차단장치가 설치된 것으로 한다.
⑤ 실린더 캐비닛은 그 내부 충전용기의 전도 등으로 충격 및 밸브의 손상을 방지하기 위한 체인 등의 설치가 가능한 구조로 한다.
⑥ 실린더 캐비닛은 그 내부의 배관에 가스의 종류와 유체의 흐름방향이 표시된 것으로 한다.
⑦ 실린더 캐비닛은 그 내부의 밸브에 개폐 방향과 개폐상태가 표시된 것으로 한다.
⑧ 실린더 캐비닛에 사용하는 가스는 상호 반응에 의하여 재해가 발생할 우려가 없는 것으로 한다.
⑨ 가연성가스 용기를 넣는 실린더 캐비닛은 당해 실린더 캐비닛에서 발생하는 정전기를 제거하는 조치가 된 것으로 한다.

(2) 성능

실린더 캐비닛은 그 실린더 캐비닛의 안전성을 확보하기 위하여 다음 기준에 따른 성능을 가지는 것으로 한다.

① 내압 성능

배관계에 대하여 질소나 공기 등 기체로 상용압력의 1.1배 이상의 압력으로 내압시험을 실시하여 이상팽창과 균열이 없는 것으로 한다.

② 기밀성능

배관계에 대하여 배관 내부를 1 Pa 이하의 진공을 유지하고 배관 외부에서 헬륨을 분사하고 헬륨감지기를 이용하여 배관계 내부에서 검출되는 헬륨의 양이 1.013×10^{-4} Pa mL/sec 이하가 되는 것으로 한다.

(3) 표시

실린더캐비닛의 몸통부분 등의 보기 쉬운 곳에 다음사항이 각인되거나 금속박판에 각인되어 이를 보기 쉬운 곳에 부착되어 있는지 확인한다.

① 제조자의 명칭 또는 약호
② 사용하는 가스 명칭
③ 제조번호 및 제조 연월
④ 최고사용압력(MPa)
⑤ 내압시험에 합격한 연월

그림 8.7 실린더 캐비닛(이미지 출처 : 이지솔루션)

아. 비상전력설비

특정고압가스 사용시설에는 그 시설의 안전을 확보하기 위하여 다음 설비에는 비상전력을 보유하는 등의 조치를 취하여 정전 시 30분 이상의 비상전력을 공급할 수 있어야 한다.

① 가스누출경보장치
② 실린더 캐비닛
③ 중화제독장치
④ 배기팬
⑤ 기타 저장설비 및 사용설비를 자동으로 제어하는 장치 등

4 가스시설의 유지관리

가. 저장설비 유지관리

가스사용시설의 안전성을 확보하고 저장설비 주위에서의 위해요소 발생을 방지하기 위하여 다음 기준에 따라 필요한 조치를 강구해야 한다.

(1) 가스용기 유지관리

① 고압가스 용기를 이동할 때는 손수레에 단단하게 묶어 사용한다.
② 고압가스 용기는 항상 40℃ 이하를 유지하도록 한다.
③ 가스의 용기밸브는 서서히 개폐하고 밸브 또는 배관을 가열할 경우는 열습포나 40℃ 이하의 더운물을 사용한다.
④ 가스용기를 사용한 후에는 밸브를 닫아 둔다.
⑤ 가스용기를 용기보관실 또는 실험실 내부에 보관(단, 불활성 가스에 한함)하는 경우 넘어짐 등으로 인한 충격 및 밸브 등의 손상을 방지하는 조치를 다음과 같이 한다.
- 가스용기는 바닥이 평탄한 장소에 보관할 것
- 용기의 1/3 지점과 2/3 지점에 각각 고정 브라킷이나 체인 등을 이용하여 고정할 것
- 여러 개의 용기를 고정할 때 사용하는 가스용기 고정장치는 반드시 바닥이나 벽 등에 앙카 등을 이용하여 단단히 고정하여 설치할 것

- 가스용기는 물건의 낙하 우려가 없는 장소에 저장할 것
- 고정된 프로텍터가 없는 용기에는 캡을 씌워 보관할 것
- 가스용기를 이동하면서 사용하는 때에는 손수레에 단단하게 묶어 사용할 것

⑥ 충전기한이 초과된 용기는 즉시 가스공급업체에 연락하여 교체하여 사용한다. 단, 불연성 가스는 잔가스를 모두 사용할 때까지 사용할 수 있다.

⑦ 액체질소, 액체알곤 등 불활성의 초저온가스(이산화탄소 포함)의 용기는 지하실 및 밀폐된 공간에서는 보관 및 사용할 수 없다.

⑧ 모든 고압가스 용기(초저온 용기 포함)를 이동할 경우 반드시 손수레를 이용하여야 하며, 이동 거리가 긴 경우 가스공급업체의 차량의 이용하여 이동하여야 한다. 단, 가스공급업체의 차량은 고법 제5조의4항에 따라 고압가스 운반차량으로 등록된 차량이어야 한다.

(2) 개인보호구

모든 고압가스를 취급할 때는 적절한 개인보호구를 착용하여야 한다. 액체가스를 취급하는 경우 액체가 튀거나 뿌려질 수 있으므로 안면보호구나 고글을 항상 착용하여야 하며, 손은 깨끗하고 건조된 단열 가죽장갑이나 초저온용 단열장갑을 착용하여야 한다. 또한, 슬리퍼나 앞이 트여 있는 신발을 신지 말고, 안전화 등 비침투성 신발을 신어야 하며, 고압가스를 취급할 때는 항상 적절한 실험복을 착용하여야 한다. 단, 가연성가스를 취급하는 경우는 방염실험복을 착용하여야 한다.

나. 가스설비 유지관리

가스설비의 안전성 및 작동성을 확보하고 사용설비 주위에서의 위해요소 발생을 방지하기 위하여 다음 기준에 따라 필요한 조치를 강구한다.

(1) 가스누출 여부 점검

연구활동종사자는 가연성 및 독성가스 등 고압가스를 사용하는 실험장비를 이용하여 연구개발활동을 하는 경우, 실험 전 반드시 가스의 누출여부를 비눗방울이나 휴대용 가스누출경보장치를 이용하여 점검을 실시하여야 한다.

(2) 이물질 제거

산소를 사용하는 때에는 석유류·유지류 등에 의한 사고를 방지하기 위하여 밸브 및 레귤레이터 등 사용 기구에 부착된 석유류·유지류 그 밖에 가연성 물질을 제거한 후 사용한다.

(3) 밸브 조작

가스사용시설에 설치된 밸브를 취급하는 경우는 다음 기준에 따라 안전조치를 강구한다.

① 고압가스 배관설비 내 모든 밸브에는 개폐 방향을 명시한다.
② 밸브 등이 설치된 배관에는 가스명, 흐름방향, 사용압력을 표시한다.
③ 밸브 등을 조작함으로써 가스사용시설의 안전상 중대한 영향을 미치는 밸브(안전밸브, 자동차단밸브, 긴급차단밸브, 제어용 공기밸브 등)는 다음과 같은 조치를 강구한다.
④ 밸브 등에는 그 개폐상태를 명시하는 표지판을 부착한다.
⑤ 밸브 등을 함부로 조작할 수 없도록 자물쇠의 채움, 봉인, 조작금지 표시의 부착이나 Valve Lockout 등을 설치한다.
⑥ 밸브 등의 조작에 대해서 유의해야 할 사항을 정하여 실험실 내 연구활동 종사자에게 주지시킨다.
⑦ 밸브를 조작함으로써 관련된 실험장비에 영향을 미치는 밸브 등의 조작은 취급 전 반드시 연구실책임자와 충분히 확인한 이후 조작한다.
⑧ 밸브는 직접 손으로 조작하는 것을 원칙으로 한다. 다만, 직접 손으로 조작하기 어려운 밸브에 대해서는 밸브렌치 등을 사용할 수 있다.

(4) 압력조정기

가스사용시설에 설치된 압력조절기는 정확한 압력의 가스를 이송하는 매우 중요한 장비로 안전한 취급을 위하여 다음 기준에 따라 안전조치를 강구하여야 한다.

① 사용하려는 가스의 사용 압력이 압력조정기의 타입과 맞는지 확인한다.
② 압력조정기 설치 전에 충전구의 먼지 또는 이물질 등을 확인하여 완전히 제거하고 조정기 및 용기 부착구의 나사 상태 등을 확인한다.

③ 배관의 비틀림 또는 조정기의 중량 등에 의하여 배관에 유해한 영향이 없도록 설치한다.

④ 압력조정기 입구 쪽에 스트레이너 또는 필터를 설치한다.

⑤ 압력조정기의 설치장소는 통풍이 잘되는 곳으로써 다음의 기준에 적합하여야 한다.

- 지면으로부터 1.6 m 이상 2 m 이내에 설치
- 빗물 등이 조정기에 들어가지 아니하고 직사광선을 받지 아니하는 장소에 설치

⑥ 가스용기와 직접 연결하는 경우는 연결 후 반드시 비눗방울 또는 이동식 가스누출검지장치로 가스의 누출 여부를 확인한다.

⑦ 사용하려는 가스가 독성가스인 경우 압력조정기의 몸체 및 다이어프램의 재질을 제조사를 통해 확인하여 부식이 없는 적합한 재질을 선정하여 사용한다.

⑧ 압력조정기는 가스용기의 메인밸브 출구와 연결한다.

⑨ 압력조정기의 압력조절놉(Regulator Hand Knob)을 반시계 방향으로 돌려 완전히 느슨하게 한다.

⑩ 가연성가스의 경우, 일반 가스와는 반대 방향으로 만들어져 있기 때문에 느슨하게 하기 위해서는 시계방향으로 돌려야 한다.

⑪ 압력조정기의 가스 출구 밸브(Regulator Outlet Valve)가 완전히 잠겨 있는지 확인한다.

⑫ 압력조정기의 압력계가 가스용기의 압력을 나타낼 때까지 가스용기의 밸브를 서서히 연다.

⑬ 압력이 원하는 수준에 도달할 때까지 압력조정기의 압력조절놉(Regulator Hand Knob)을 시계방향으로 돌려 연다.

다. 안전설비 유지관리

(1) 가스누출경보장치

가스누출경보장치는 다음 기준에 따라 유지관리를 하여야 한다.

① 실험실 또는 용기보관실에 설치된 가스누출경보장치는 1년에 1회 이상 전문 검사기관에 위탁하여 검·교정을 받아야 한다.

② 가스누출경보장치 검·교정 결과에 따라 후속 조치가 필요한 사항에 대해서는 연구실책임자는 즉시 조치를 취하여야 한다.

③ 연구활동 종사자는 제조자가 제공한 사용설명서를 잘 보관하고, 읽고 충분히 이해하여야 한다.

④ 감지기의 모든 제어장치와 수신 경보자는 그 위치와 기능에 대해 각별히 주의를 기울여야 하며 관련 내용을 숙지하여야 한다.

⑤ 모든 감지기는 최초 사용 전에 교정시험을 절차에 따라 판매자가 현장에서 교정을 하거나 공장에서 발생한 시험성적서를 확인하는 것이 바람직하다.

⑥ 검지기는 검·교정 유효기간 이내에서만 사용하여야 한다.

⑦ 흡입식 가스검지기의 경우 흡입 시간이 센서에서 샘플가스를 감지하기에 충분하여야 하며, 샘플가스의 이동시간도 함께 고려하여야 한다.

⑧ 흡입 배관이 지나치게 긴 경우에는 가스의 감지 시 일정 시간 지연을 유발할 수 있기 때문에 검지기 등에 최소 지연시간을 표시해 두는 것을 권장한다.

⑨ 제조자의 사용설명서를 참고하여 주변에 있는 다른 인화성 및 비가연성가스들의 간섭 및 영향이 가스 감지에 영향을 미칠 수 있는지를 확인하여야 한다.

⑩ 연구활동 종사자는 계기의 불안정한 출력값을 나타낼 경우, 검지기의 고장일 수 있으니 안전팀에 연락을 취하여 조치를 받아야 한다.

⑪ 전자파 간섭이 예상되는 경우는 간섭에 견딜 수 있는 적합한 검지기 선정이 이루어져야 한다.

(2) 중화제독장치

독성가스를 중화 제독하기 위한 중화 제독장치는 다음 기준에 따라 유지관리를 하여야 한다.

① 연구실책임자는 독성가스가 중화 제독장치에 의해 처리하여 허용농도 이하로 대기 방출하는지 주기적으로 중화 제독장치의 성능 및 효율을 점검하여야 한다.

② 중화 제독장치는 가스용기를 보관하고 있는 한 실험을 하지 않더라도 24시간 가동상태를 유지하여야 한다.

③ 연구실 안전업무담당자는 설비 능력의 유지를 위해 일상점검을 실시하여야 한다.

④ 연구실책임자는 설비 능력의 유지를 위해 연 1회 이상 제조사로부터 정기적으로 점검을 받아야 한다.

⑤ 가스누출경보장치 및 비상전력설비와의 연동 기능 확인을 주기적으로 점검 및 확인을 실시해야 한다.

(3) 실린더 캐비닛

독성가스를 안전하게 보관하고 사용하기 위한 실린더 캐비닛은 다음 기준에 따라 유지관리를 하여야 한다.

① 실린더 캐비닛은 내부의 압력이 외부압력보다 대략적으로 50 Pa 이상 낮게 유지되는지 확인하여야 한다.
② 가스누출경보장치 및 자동차단밸브의 작동상태를 수시로 확인하여야 한다.
③ 캐비닛 내부의 밸브류 및 배관 등에서 누출이 없는지 수시로 확인하여야 한다.
④ 가스용기를 고정하는 브라킷의 파손 여부를 확인하여야 한다.

(4) 자동차단장치

고압가스 용기의 밸브를 긴급차단하는 장치로 고압가스 누출에 의한 폭발 및 가스중독 등의 사고를 미연에 방지하고, 이상 반응 혹은 예상치 못한 2차 재해를 예방하기 위한 장치인 자동차단밸브는 다음 기준에 따라 유지관리를 하여야 한다.

① 고압가스 실린더를 고정하지 않고 자동차단밸브 및 레버를 조작하면 핸들이나 밸브본체가 빠르게 급회전하여 부상당할 우려가 있다.
② 자동차단밸브의 Air Inlet에 사용하는 압축공기는 가연성가스, 독성가스, 산소 등은 절대로 사용하지 않는다.
③ 고압가스 실린더에 자동차단밸브를 고정하여 세팅된 상태에서는 핸들 부분에 절대로 손을 넣거나 대지 않도록 한다.
④ 고압가스 메인밸브와 자동차단밸브의 연결부가 잘 맞는지 확인하여 연결한다.

CHAPTER

09

보건위생 분야

학습내용

1. 실험실의 유해·위험요인
2. 물질안전보건자료
3. 개인보호구
4. 안전정보표지
5. 실험실 환기설비 등

1 실험실의 유해·위험 요인

가. 유해·위험요인 개요

연구실의 유해·위험요인은 화학적·물리적·생물학적 위험요인 등 연구실 사고를 발생시키거나 연구활동 종사자의 건강을 저해할 가능성이 있는 인자(연구실안전법 제2조)를 말한다.

연구실은 화학, 물리, 생물, 의학 등 다양한 연구 또는 교육을 위해 시험이나 분석을 할 수 있도록 시약, 기자재, 설비 등을 갖추고 있어 실험 조건과 환경이 연구 목적에 따라서 크게 달라진다. 따라서 유해·위험요인을 관리하고 개선 대책을 마련하여 연구활동 종사자의 건강장해를 예방해야 한다.

나. 유해·위험요인 종류

연구활동 종사자, 연구책임자, 연구실 안전보건관계자 등이 알아야 할 실험실의 유해·위험요인은 〈표 9.1〉과 같다.

표 9.1 실험실의 유해·위험요인 종류

구분	종류	비고
물리적	• 소음, 진동, 방사선, 유해광선, 전자기장, 기압, 고열, 한랭	• 에너지 형태로 인체에 전달되어 건강장해를 일으키는 요인
화학적	• 기체(가스, 증기), 액체(미스트, 포그), 고체(먼지, 흄)	• 물질 형태로 인체에 침입하여 건강장해를 일으키는 요인
생물학적	• 바이러스, 세균, 곰팡이, 독소 등	• 생물체 형태로 인체에 건강장해를 일으키는 요인
인간공학적	• 단순반복작업, 부자연스러운 자세, 무리한 힘, 중량물	• 작업량, 작업자세,실험기구, 중량물 취급 등에 의해 건강장해를 일으키는 요인
사회심리적	• 작업관련 스트레스, 폭력, 괴롭힘 등	• 신체적, 정신적 부담에 의해 건강장해를 일으키는 요인

(1) 물리적 인자

① 유해인자가 물리적 특성으로 이루어진 것

② 인체에 에너지로 흡수되어 건강장해를 초래한다.

③ 소음, 진동, 고열, 이온화방사선(α선, β선, γ선, X선 등), 비이온화방사선(자외선, 가시광선, 적외선, 라디오파 등), 온열, 이상기압 등으로 상세 요인별 건강장해는 〈표 9.2〉와 같다.

표 9.2 물리적 유해인자의 상세 요인별 건강장해

구분	상세 요인	건강장해
온열습도 환경조건	• 여름철 옥외 실험, 연소 실험, 화재 실험, 금속의 용해, 용융, 열처리, 주조	온열질환 (열중증)
	• 겨울철의 옥외실험, 냉장고, 냉동고 내의 작업	동상, 저체온증
채광, 조명	• 너무 밝은 조명 혹은 너무 어두운 조명	눈의 장해
유해광선	• 자외선 혹은 적외선에 노출되거나 이용하는 작업	눈의 장해, 피부화상
	• 레이저광선을 이용하는 작업	눈의 장해, 피부화상
전리방사선	• 비파괴검사, 방사선 물질의 취급 • 직·간접으로 공기 또는 세포를 전리하는 능력을 가진 알파선·베타선·감마선·엑스선·중성자선 등의 전자선	방사선 장해
소음	• 소음을 유발하는 기계작업, 스피커를 이용하는 실험 • 소음성난청을 유발할 수 있는 85데시벨(A) 이상의 시끄러운 소리	청력 장해
초음파	• 초음파 이용 용착 작업 등	두통
진동	• 체인톱, 햄머드릴 등 진동공구를 사용하는 작업 • 착암기, 핸드 해머 등의 공구를 사용함으로써 발생되는 백립병·레이노 현상·말초순환장애 등의 국소진동 및 차량 등을 이용함으로써 발생되는 관절통·디스크·소화장애 등의 전신 진동	진동 장해
이상기압	• 잠수, 잠함, 압기작업 • 게이지 압력이 제곱센티미터당 1킬로그램 초과 또는 미만인 기압	고기압 장해

(2) 화학적 인자

① 유해인자가 화학물질의 형태를 하고 있으나 먼지와 같은 것도 포함한다.

② 물질 형태로 호흡기, 소화기, 피부를 통해 인체에 흡수되고 잠재적으로 건강에 영향을

끼치는 요인이 될 수 있다.

③ 연구 활동 시 가장 흔한 유해인자이다.

④ 종류

- 입자상물질 : 먼지, 흄, 미스트, 금속, 유기용제 등
- 가스상물질 : 가스, 증기 등

⑤ 건강장해를 일으키는 주요 화학물질은 아래 〈표 9.3〉과 같다.

표 9.3 건강장해를 일으키는 주요 화학물질

분류	화학물질
유기화합물	글루타르알데히드, N,N-디메틸 아세트아미드, 디메틸포름아미드, 디에틸 에테르, 1,4-디옥산, 디클로로메탄, o-디클로로벤젠, 메틸 알코올, 메틸시클로헥사놀, 메틸에틸케톤, 무수 프탈산, 벤젠, 벤지딘, 1-부탄올, 사염화탄소, 스티렌, 아닐린, 아세토니트릴, 아세톤, 아세트알데히드, 아크릴아미드, 이소프로필 알코올, 크레졸, 크실렌, 톨루엔, 톨루엔 2,4-디이소시아네이트, 트리클로로메탄, 페놀, 포름알데히드, 피리딘, 헥산
금속류	구리, 니켈 및 그 무기화합물, 니켈 카르보닐, 코발트, 크롬
산 및 알카리류	불화수소, 질산, 트리클로로아세트산, 황산
가스 상태 물질류	염소

(3) 생물학적 인자

① 유해인자의 특성이 생물학적이며, 바이오 에어로졸이라는 용어로 불리기도 한다.

② 생물체나 그 부산물이 작용하여 흡입, 섭취 또는 피부를 통해 건강상 장해를 유발한다.

③ 종류는 바이러스, 세균 및 세균포자 또는 세균의 세포 조각들, 곰팡이 또는 곰팡이 포자, 진드기, 독소 리케차, 원생동물 등

(4) 인간공학적 인자

① 반복적인 작업, 부적합한 자세, 무리한 힘 등으로 손, 팔, 어깨, 허리 등을 손상시키는 인자

② 건강장해로는 요통, 내상과염, 손목터널증후군 등

(5) 사회 심리적 인자

① 과중하고 복잡한 업무 등으로 정신건강은 물론 신체적 건강에도 영향을 주는 인자
② 직장 내에서 직무스트레스로 불린다.
③ 시간적 압박, 복잡한 대인관계, 업무 처리 속도, 부적절한 작업환경, 고용불안 등

다. 유해인자의 개선대책

(1) 본질적 대책
  ① 대치(대체) : 공정의 변경, 시설의 변경, 유해물질의 대치
  ② 격리(밀폐) : 저장물질의 격리, 시설의 격리, 공정의 격리, 작업자의 격리
(2) 공학적 대책 : 안전장치, 방호문, 국소배기장치 등
(3) 관리적 대책 : 매뉴얼 작성, 출입 금지, 노출 관리, 교육훈련 등
(4) 개인보호구의 사용 : 본질적, 공학적, 관리적 조치를 하더라도 제거 · 감소할 수 없을 경우 개인보호구를 사용하여야 한다. 위의 유해인자를 안전하게 관리하는 기법은 아래 우선순위에 따른다.

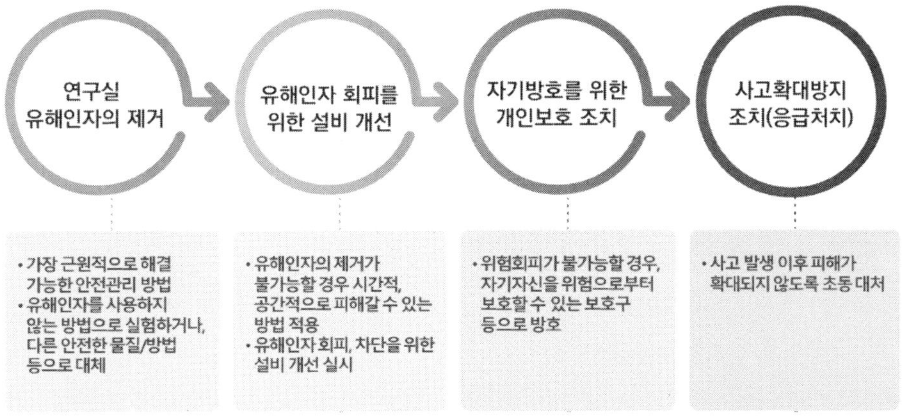

그림 9.1 연구실 유해인자 안전관리 우선순위 도출 기법

(출처 : 연구실책임자를 위한 안전관리 실무)

라. 유해인자의 노출 관리

연구종사자의 건강장해 예방을 위해서는 유해인자에 대한 노출 관리가 필요하며, 노출 관리를 위하여 노출수준 등을 파악하여야 하며, 노출 기준과 측정 방법은 고용노동부 고시와 학교보

건법 등이 있다.

(1) 노출기준

근로자가 유해인자에 노출되는 경우 노출 기준 이하 수준에서는 거의 모든 근로자에게 건강상 나쁜 영향을 미치지 아니하는 기준으로 미국산업위생전문가협회(ACGIH)는 허용기준으로 정의

(2) 우리나라 화학물질 노출기준

① 시간가중평균노출기준(Time Weighted Average, TWA) : 1일 8시간 작업을 기준으로 하여 주 40시간 동안의 평균 노출농도

② 단시간노출기준(Short Term Exposure Limit, STEL) : 1회 15분간의 시간가중평균 노출값, 노출농도가 TWA를 초과하는 STEL 이하면 1회 노출 지속시간이 15분 미만이어야 함을 의미

③ 최고노출기준(Ceiling, C) : 1일 작업시간 동안 잠시라도 노출되어서는 아니 되는 기준으로 노출기준 앞에 "C"를 붙여 표기

표 9.4 소음 노출기준 예시

구분	1일 노출시간(hr)	소음 강도 dB(A)
소음 노출기준 (충격소음 제외)	8	90
	4	95
	2	100
	1	105
	1/2	110
	1/4	115
구분	1일 노출 횟수(회)	소음강도 dB(A)
충격소음 노출기준	100	140
	1,000	130
	10,000	120

출처 : 고용노동부 고시 2020-48 화학물질 및 물리적 인자의 노출기준

표 9.5 조명 설치기준

구분	설치기준
채광 (자연조명)	• 직사광선을 포함하지 아니하는 천공광에 의한 옥외 수평 조도와 실내조도와의 비가 평균 5% 이상으로 하되, 최소 2% 미만이 되지 아니하도록 할 것 • 최대조도와 최소 조도의 비율이 10대 1을 넘지 아니하도록 할 것 • 교실 바깥의 반사물로부터 눈부심이 발생되지 아니하도록 할 것
조도 (인공조명)	• 교실의 조명도는 책상 면을 기준으로 300 Lux 이상이 되도록 할 것 • 최대조도와 최소조도의 비율이 3대 1을 넘지 아니하도록 할 것 • 인공 조명에 의한 눈부심이 발생되지 아니하도록 할 것

출처 : 학교보건법 시행규칙 별표 2

(3) 참고자료

① 「산업안전보건법」 제104조 및 같은 법 시행령, 시행규칙, 관련 고시 등

② 작업환경측정 및 정도관리 등에 관한 고시 [고용노동부 고시 제2020-44호]

③ 화학물질 및 물리적 인자의 노출기준 [고용노동부 고시 2020-48호]

마. 건강관리

연구주체의 장은 「연구실안전법」 제21조(건강검진)에 따라 유해인자를 취급하는 연구활동 종사자에 대하여 건강검진을 실시해야 한다. 건강검진의 종류는 일반건강검진, 임시건강검진, 특수건강검진이 있다.

(1) 일반건강검진

① 개요 : 유해인자에 노출될 위험성이 있는 연구활동 종사자에 대하여 실시

② 대상 : 전체 근로자 및 연구활동 종사자

③ 주기 : 1년에 1회 이상(사무직은 2년에 1회)

④ 항목 : 문진과 진찰, 혈압, 혈액 및 소변검사, 신장, 체중, 시력 및 청력 측정, 흉부 방사선 촬영

⑤ 서류 보존 : 5년

(2) 특수건강검진

① 개요 : 유해인자를 취급하는 연구활동 종사자의 질병 예방을 위해 실시

② 대상 : 「산업안전보건법 시행규칙」 별표 22의 유해인자를 취급하는 연구활동 종사자

- 면제 대상 : 「산업안전보건법 시행규칙」 제146조에 따른 임시작업 및 단시간 작업을 수행하는 연구활동 종사자 (단, 발암성 물질, 생식세포 변이원성 물질, 생식독성 물질을 취급하는 연구활동 종사자는 특수건강검진이 면제되지 않는다)

③ 주기 : 유해인자에 따라 6개월~24개월(아래 〈표 9.6〉 참조)

④ 대상 유해인자

- 화학적 인자 : 유기화학물(108종), 금속류(19종), 산 및 알칼리류(8종), 가스상태물질류(14종), 허가대상 유해물질(13종), 금속 가공유(미네랄오일미스트)
- 분진(6종) : 곡물분진, 광물성분진, 나무분진, 면분진, 용접흄, 유리섬유 분진
- 물리적 인자(8종) : 소음, 진동, 방사선, 고기압, 저기압, 유해광선(자외선, 적외선, 마이크로파 및 라디오파

⑤ 서류 보존 : 5년 (단, 발암물질 취급근로자 검진 결과는 30년간 보존)

표 9.6 특수건강검진 시기와 주기

번호	대상 유해인자	시기(배치 후 첫 번째 특수건강검진)	주기
1	디메틸포름아미드, N.N-디메틸 아세트아미드	1개월 이내	6개월
2	벤젠	2개월 이내	6개월
3	1.1.2.2-테트라클로로에탄, 사염화탄소, 아크릴로니트릴, 염화비닐	3개월 이내	6개월
4	석면, 면 분진	12개월 이내	12개월
5	광물성 분진, 나무 분진, 소음	12개월 이내	6개월
6	1번부터 5번까지의 대상 유해인자를 제외한 「산업안전보건법」 시행규칙 별표 22조의 모든 대상 유해인자	6개월 이내	12개월

(3) 임시건강검진

① 개요 : 연구실 내 유소견자가 발생하였거나 발생할 우려 등이 있는 경우 실시

② 대상 : 연구실 내에서 유소견자(연구실에서 취급하는 유해인자로 인하여 병 또는 장해 증상 등 의학적 소견을 보이는 사람을 말한다. 이하 같다)가 발생한 경우로써 다음의 어느

하나에 해당하는 연구활동 종사자
- 유소견자와 같은 연구실에 종사하는 연구활동 종사자 또는
- 유소견자와 같은 유해인자에 노출된 해당 대학·연구기관 등에 소속된 연구활동 종사자로서 유소견자와 유사한 질병·장해 증상을 보이거나 유소견자와 유사한 질병·장해가 의심되는 연구활동 종사자

③ 주기 : 필요한 경우에 실시

④ 조치사항 : 임시건강검진의 실시, 연구장소의 변경, 연구시간의 단축 등의 연구활동 종사자 건강보호 조치 이행

2 물질안전보건자료

가. 물질안전보건자료(Material safety data sheet, 이하 MSDS)

(1) 정의

화학물질을 안전하게 사용하고 관리하기 위하여 제조자명, 성분, 성질, 취급 방법, 취급 시 주의사항, 법률 등의 필요한 정보를 기재한 물질에 대한 여러 가지 정보를 담은 자료(작성예시 별첨 1 참조)

(2) 주요 내용

① 연구실책임자는 화학물질을 사용하거나 취급하는 실험실에 MSDS를 비치(또는 게시)하고, 연구활동 종사자에게 교육을 실시해야 한다.

② 화학물질을 담은 용기에 대한 경고표지(소분용기 포함) 부착

나. MSDS 작성 항목(16개 항목)

① 화학제품과 회사에 관한 정보

② 유해성·위험성
③ 구성성분의 명칭 및 함유량
④ 응급조치요령
⑤ 폭발·화재 시 대처 방법
⑥ 누출사고 시 대처 방법
⑦ 취급 및 저장 방법
⑧ 노출 방지 및 개인보호구
⑨ 물리화학적 특성
⑩ 안정성 및 반응성
⑪ 독성에 관한 정보
⑫ 환경에 미치는 영향
⑬ 폐기 시 주의사항
⑭ 운송에 필요한 정보
⑮ 법적 규제 현황
⑯ 그 밖의 참고사항

다. MSDS 경고표지

유해성 분류에 따른 경고표지 종류는 다음과 같다.

경고표지	유해성 분류기준
	• 폭발성, 자기반응성, 유기과산화물 • 가열, 마찰, 충격 또는 다른 화학물질과의 접촉 등으로 인해 폭발이나 격렬한 반응을 일으킬 수 있음 • 가열, 마찰, 충격을 주지 않도록 주의
	• 인화성(가스, 액체, 고체 에어로졸), 발화성 물 반응성, 자기 반응성, 자기 발화성(액체, 고체|), 자기발열성 • 인화점 이하로 온도와 기온을 유지하도록 주의
	• 인체독성물질 • 피부와 호흡기, 소화기로 노출될 수 있음 • 취급 시 보호장갑, 호흡기 보호구 등을 착용
	• 부식성물질 • 피부에 닿으면 피부 부식과 눈 손상을 유발할 수 있음 • 취급 시 보호장갑, 안면보호구 등을 착용
	• 산화성 • 반응성이 높아 가열 , 충격, 마찰 등에 의해 분해하여 산소를 방출하고 가연물과 혼합하여 연소 및 폭발할 수 있음 • 가열, 마찰, 충격을 주지 않도록 주의
	• 고압가스(압축, 액화, 냉동 액화, 용해 가스 등) • 가스 폭발, 인화, 중독, 질식 , 동상 등의 위험 있음
	• 호흡기 과민성, 발암성, 생식세포 변이원성, 생식독성, 특정 표적 장기 독성, 흡인 유해성 • 호흡기로 흡입 할 때 건강장해 위험 있음 • 취급 시 호흡기 보호구착용
	• 수생환경유해성 • 인체 유해성은 적으나, 물고기와 식물 등에 유해성 있음

출처 : 연구실 안전관리사 학습 가이드

라. 참고자료

① 연구활동 종사자를 위한 보건관리 Chapter 1. 유해화학물질 취급 시 보건수칙, 2019.
② 산업안전보건법 제110조 및 같은 법 시행령, 시행규칙, 관련 고시 등

3 개인보호구

개인보호구는 실험실에서 유해화학물질 등을 다루는 등의 발생 가능한 유해·위험으로부터 연구자의 안전을 지켜주는 가장 기본적인 장비이자 최소한의 장치이다. 연구 활동에 따라 필요한 보호구를 착용해야 한다.

가. 유해인자별 해당 보호구

(1) 화학적 인자

연구활동	보호구
다량의 유기용제, 부식성 액체 및 맹독성 물질 취급	• 보안경 또는 고글 • 내화학성 장갑 • 내화학성 앞치마 • 호흡보호구 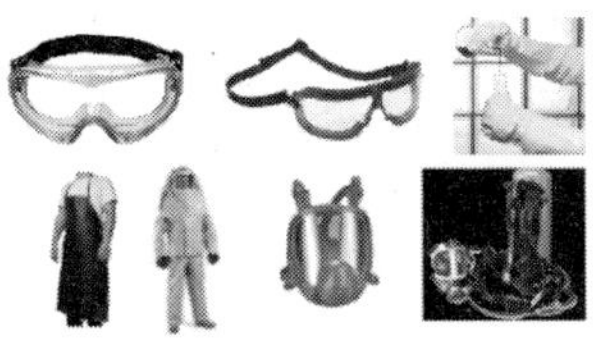
인화성 유기화합물 및 화재·폭발 가능성 있는 물질 취급	• 보안경 또는 고글 • 보안면 • 내화학성 장갑 • 방진마스크(먼지 방지 마스크) • 방염복 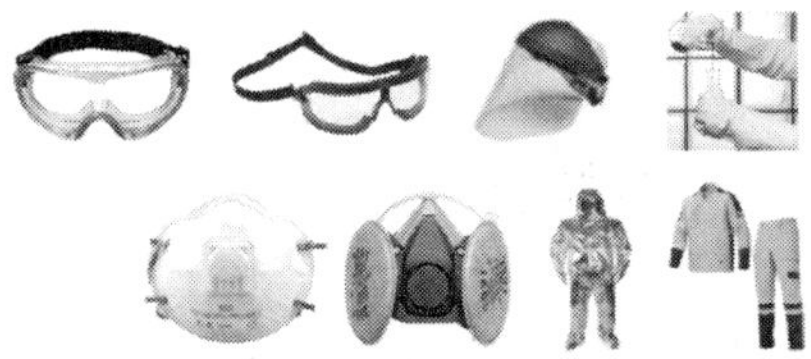
독성가스 및 발암성 물질, 생식독성 물질 취급	• 보안경 또는 고글 • 내화학성 장갑 • 호흡보호구 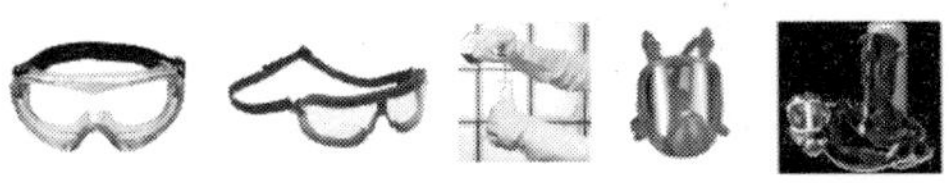

(2) 생물학적 인자

연구활동	보호구
감염성 또는 잠재적 감염성이 있는 혈액, 세포, 조직 등 취급	• 보안경 또는 고글 • 일회용장갑 • 술용 마스크 또는 방진마스크 
감염성 또는 잠재적 감염성이 있으며 물릴 우려가 있는 동물 취급	• 보안경또는고글 • 일회용장갑 • 수술용 마스크 또는 방진마스크 • 잘림 방지 장갑 • 방진모(먼지 방지 모자) • 신발덮개 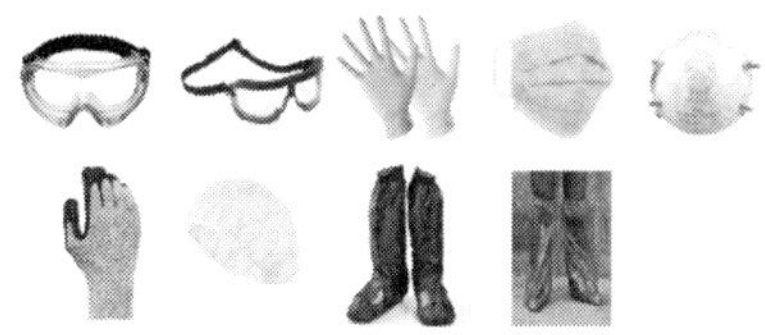
보건복지부장관이 「생명공학육성법」 제14조 및 같은 범 시행령 제12조의12에 따라 작 성· 시행하는 실험지침(이하 ”실험지침이라 한다)에 따른 생물체의 위험군 분류 중 건강한 성인에게는 질병을 일으키지 않는 것으로 알려진 바이러스, 세균 등 감염성 물질 취급	• 보안경또는고글 • 일회용장갑 
실험지침에 따른 생물체의 위험군 분류 중 사람에게 감염됐을 경우 증세가 심각하지 않고 예방 또는 치료가 비교적 쉬운 질병을 일으킬 수 있는 바이러스, 세균 등 감염성 물질 취급	• 보안경 또는 고글 • 일회용장갑 • 호흡보호구 

(3) 물리적 인자

연구활동	보호구
고온의 액체, 장비, 화기 취급	• 보안경 또는 고글 • 내열장갑 
액체질소 등 초저온 액체 취급	• 보안경 또는 고글 • 방한장갑 
낙하 또는 전도 가능성 있는 중량물 취급	• 보호장갑 • 안전모 • 안전화 
압력 또는 진공 장치취급	• 보안경 또는 고글 • 보호장갑 • 안전모 • 보호구  • 보안면(연구활동종사자 보호를 위해 필요한 경우만 해당한다)
큰 소음(85 dB 이상인 경우를 말한다)이 발생하는 기계 또는 초음파기기를 취급 또는 큰 소음이 발생하는 환경에 노출	• 귀마개 또는 귀덮개 
날카로운 물건 또는 장비 취급	 • 보안경 또는 고글 • 잘림 방지 장갑(연구활동종사자 보호를 위해 필요한 경우만 해당한다)
방사성물질취급	• 방사선 보호복 • 보안경 또 는고글 • 보호장갑 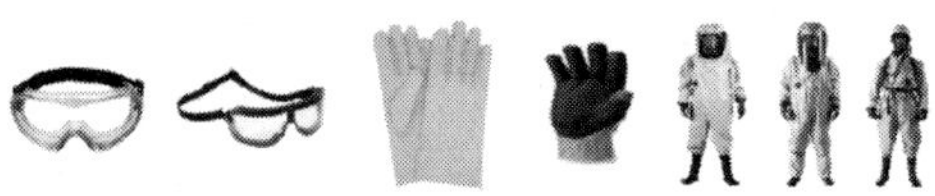
레이저 및 자외선(UV) 취급	• 보안경 또는 고글 • 보호장갑  • 방염복(연구활동종사자 보호를 위해 필요한 경우만 해당한다)
감전위험이 있는 전기기계·기구 또는 전로 취급	• 절연보호복 • 보호장갑 • 절연화 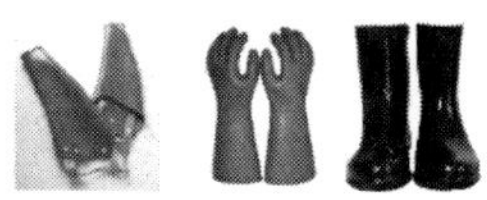

연구활동	보호구
분진·미스트(mist: 공기 중에 떠다니는 작은 액체방울)·흄(fume: 열이나 화학반응에 의하여 형성된 고체증기가 응축되어 생긴 미세입자) 등이 발생하는 환 또는 나노물질 취급	• 고글 • 보호장갑 • 방진마스크 
진동이 발생하는 장비 취급	• 방진장갑(진동 방지 장갑) 

출처 : 연구실책임자를 위한 안전관리 실무

나. 보호구의 착용

(1) 보호구 착용 순서

생물안전 1 또는 2등급 시설의 연구실의 경우 올바른 복장 및 개인보호구의 착용과 탈의 순서는 아래 그림과 같다. 즉, ① 실험복 ② 마스크(필요시) ③ 고글/보안면 ④ 실험장갑 순으로 착용하고, 탈의는 반대 순서로 한다.

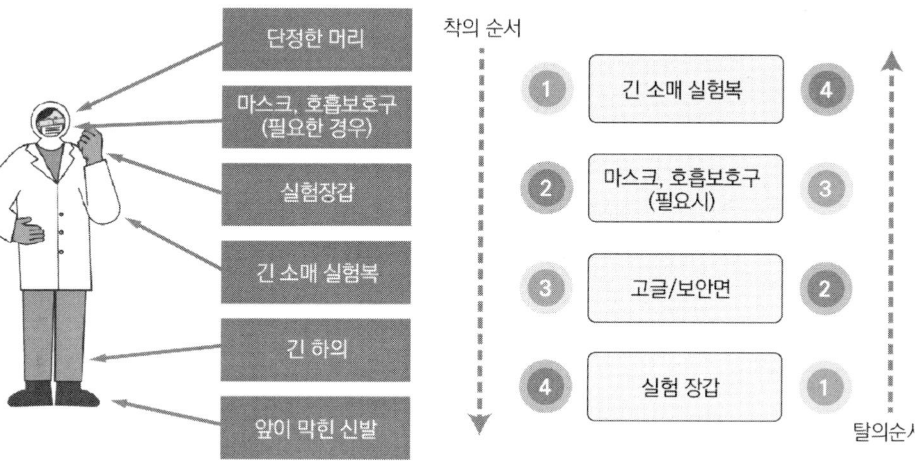

그림 9.2 개인보호구 착용과 탈의 순서(출처 : 연구실 안전관리사 학습가이드)

(2) 개인보호구 착용 수칙

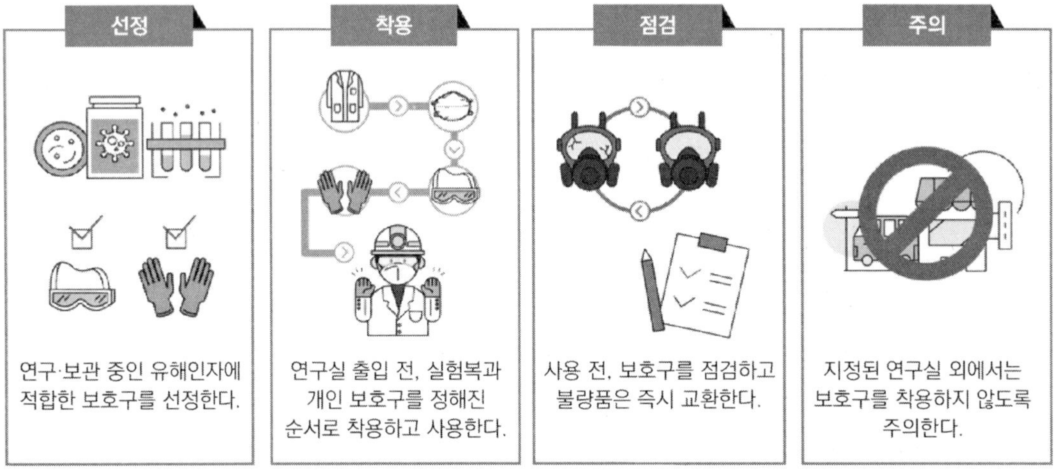

그림 9.3 개인보호구 착용 수칙(출처 : 국가연구안전정보시스템_안전정보)

(3) 개인보호구 구비조건 및 관리요령

① 실험복

- 실험 시 항상 착용하며 평상복을 모두 덮을 수 있는 긴 소매여야 한다.
- 평상복과 구분하여 지정된 장소에 보관한다.
- 연구기관 내에서 직접 또는 위탁 세탁하여야 하며, 오염된 실험복을 개인 가정으로 반출하지 않는다.
- 사무실, 화장실 등 일반구역에서는 실험복을 탈의하고 출입한다.
- 감염성 물질, 미생물 등이 튀거나 묻은 경우는 적절한 소독 또는 멸균법을 선택하여 불활성화시켜 폐기하거나 세탁하여 재사용한다.

② 보호복

- 사용 목적, 환경 및 취급 물질 등에 따른 위험 요소로부터 연구활동 종사자를 보호할 수 있는 재질로 구성되어야 한다.
- 신체 치수에 맞는 크기로 머리부터 발목까지 보호할 수 있어야 한다.
- 실험 유형별로 복합적으로 기능을 하고 있으므로, 연구환경 및 조건에 맞는 것을 선택하여 착용한다.

③ 보호장갑

- 취급 물질, 실험 방법 등을 고려하여 적절한 장갑을 반드시 착용한다.
- 실험 방법, 위험 요소, 취급 물질뿐만 아니라 상황을 고려하여 선택·착용한다.
- 라텍스 장갑은 파우더 성분이 피부 알레르기를 유발할 수 있으므로 파우더가 없는 제품으로 선택을 하거나 나이트릴 제품을 사용한다.
- 실험복을 장갑 목 부분 아래로 넣어 틈이 생기지 않도록 착용한다.
- 감염성 물질 및 고위험병원체 등 인체에 해를 줄 수 있는 물질을 다룰 때는 추가로 덧소매를 착용하여 손목이나 팔 등 피부가 직접 노출되는 것을 방지한다.
- 장갑은 가장 나중에 착용하고, 실험 종료 후 가장 나중에 탈의한다.
- 일회용 장갑을 탈의할 때는 손목 부분을 뒤집어서 손가락 방향으로 뒤집어서 빼내 감염성 물질이 직접 닿지 않았던 부분이 보이도록 벗는다.
- 에어로졸 발생 및 확산의 위험이 있을 수 있으므로, 장갑의 손가락 부분을 잡아당겨서 벗지 않는다.

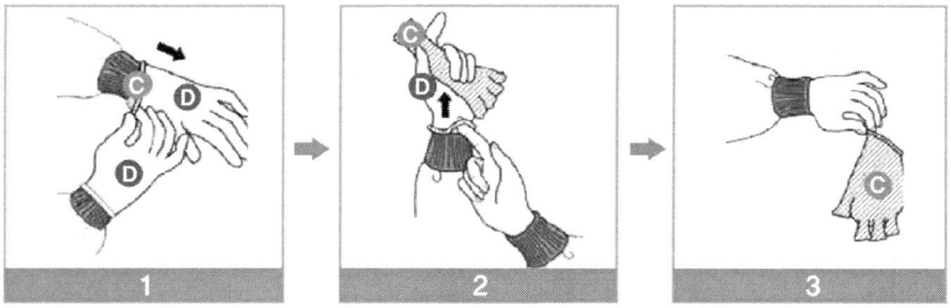

C (clean) 장갑 안쪽으로 감염성 물질에 접촉되지 않은 깨끗한 부분
D (dirty) 장갑 바깥쪽으로 감염성 물질을 직접 취급하거나 접촉가능성이 있는 오염 부분

그림 9.4 보호장갑 착용 순서(출처 : 연구활동 종사자를 위한 보건관리)

④ 호흡보호구

- 소재별, 기능별로 여러 종류가 있으므로 취급 병원성 미생물, 실험 방법, 위험 요소 등에 따라 선택·착용한다.

표 9.7 호흡보호구 종류별 특성

구분		특성
공기 정화식 호흡 보호구	안면부 여과식	안면부 자체가 여과재인 방진마스크를 의미하며, 가스나 증기와 같은 비입자성의 유해물질로부터는 보호하지 못함
	분리식	별도의 정화통을 본체에 부착, 연결하여 사용하는 마스크를 의미하며 취급 유해물질에 따라 정화통 선택 가능
공기 공급식 호흡보호구		공기공급관, 공기 호스 또는 자급식 공기원을 가진 호흡용 보호구로 산소를 직접 연구자 호흡기로 공급하며 송기마스크, 산소호흡기, 공기호흡기가 해당

⑤ 고글, 보안면

- 고글, 보안면은 실험 수행 방법 및 취급 물질 등에 따른 위해성 평가를 실시하고 그 결과에 따라 착용한다.
- 고글 및 보안면을 쓸 때는 보호하고자 하는 안면 범위를 모두 덮을 수 있어야 한다.
- 재사용할 경우 취급한 감염성 물질 및 병원성 미생물에 가장 효과적인 소독제를 선택하여 노출된 부분 등을 소독 또는 세척하여 보관한다.

(4) 참고자료

① 연구활동 종사자를 위한 보건관리 Chapter 4. 보호구 착용 및 안전설비(p.86-95), 과학기술정보통신부·국가연구안전관리본부, 2019

② 연구실 설치·운영 가이드라인 제3부(분야별 설치·운영 가이드라인) 및 록(개인보호구의 종류 및 사용방법), 과학기술정보통신부·국가연구안전관리본부, 2019 등

4 안전정보표지

가. 안전정보표지 종류

안전정보표지 종류는 금지표지, 상태경고 표지, 물질경고 표지, 착용지시 표지, 소방기기 표지, 안내표지 등이 있으며 주요 내용은 아래와 같다.

표지내용	용어 및 의미	적용 장소 및 대상 분야
상태 경고 표지		
	고온경고	• 고온으로 화상의 우려가 있는 가구, 장소 • 고온로, 각종히터 • 고온 발열 챔버, 탱크, 반응가구
	저온경고	• 저온으로 동상의 우려가 있는 가구, 장소 • 저온로, 저온 창고, 저온 챔버, 액체질소 액체 헬륨 등 액화 가스류 • 기타 저온으로 인한 인체 손상 우려가 있는 장소나 가구
	전파발생지역	• 위해전자파 또는 고출력의 전자장 장해 장소 • 각종 전자파 발생 기기 휴대 금지 지역
	소음발생	• 난청의 우려가 있는 소음 발생 지역 • 귀 덮개를 필수 착용할 장소
	자기장발생장	• 각종 고자계, 강자기장 발생 장소 • 각종 전자파 장해가구 휴대 금지 지역
	고압가스	• 각종 고압가스 취급 장소
	누출경보	• 부득이한 경우 또는 고장이나 사고 등으로 위험물질이 누출될 위험이 있는 장소

표지내용	용어 및 의미	적용 장소 및 대상 분야
금지 표시		
	금연	• 전체연구실 • 실험 주변 공간 • 전체 실내 공간
	화기엄금	• 고 위험물 취급장소 • 가연성 물질, 가스류, 가연성 분진 취급 장소 • 기타화재위험장소 • 전체분야공통
물질 경고 표지		
	인화물질경고	• 인화성, 화재 위험이 큰 물질 보관 취급 • 상온 증류성 물질로서 화재위험이 많은 물질 보관 취급
	부식성물질 경고	• 강산성, 강 알칼리성 등으로 접촉 시 부식이 강한물질 보관 취급 • 기타 특정물질의 부식성능이 강한 물질 보관 취급
	발암성, 변이원성, 생식독성물질 경고	• 발암성, 변이원성, 생식독성, 호흡기과민성 물질 보관 취급 • 조직 손상, 기관지 손상, 소화기계 손상 물질 보관 취급
	경고	• 눈에 심한 자극을 일으킴 • 삼키면 유해함
	수생환경유해성	• 무단 방류, 폐기 시 환경 파괴의 수생환경 위험 물질의 취급 보관
	유전자변형물질	• 유전자 변형 실험의 부산물 취급, 보관 연구 장소
	유해물질 경고	• 건강상 흡입, 노출이 위해를 일으키는 물질 보관 취급
	폭발성 물질 경고	• 충격 또는 자연적 폭발물 저장 보관 및 취급

표지내용	용어 및 의미	적용 장소 및 대상 분야
	접지 표지	• 금속제 외함의 전기사용기구 • 고전압 발생 전기장치 기구 • 전자파 발생 기구, 전자파 장해 발생 기구 • 정전기 방지 조치가 필요한 기구
	방사능 폐기물	• 각종 방사능 폐기 물질 또는 폐기 보관 지역, 보관 용기
	방사능위험	• 방사능 위험기기, 방사능물질 사용기기, 방사능 물질 보관 장소, 방사능 취급기기
	위험장소, 기구 경고	• 관계자 이외의 접근을 통제하는 장소 • 관계자 이외의 자의 조작을 금하는 기구
	고압전기위험	• 고압 전기 발생기기, 고전압 전원 • 정전기 발생 기기, 고전압 사용 기기
	유해광선위험	• 레이저, 방사능, X선, 자외선, 적외선 등의 유해광선 취급 • 고 휘도의 광원, 높은 조도 환경의 작업장
착용지시표지		
	보안경 착용	• 안구 접촉 위해, 위험물질 위급장소 • 각종분진, 파편 비산장소 • 위해광선 취급 장소 • 모든 분야의 모든 연구 행위 시
	방독마스크 착용	• 독성 물질 취급 보관 장소 • 장기 손상 위험 물질 취급 보관 장소 • 화공, 미생물, 방사능 물질, 기타 위험 물질 취급
	방진마스크 착용	• 분진 취급 및 보관 장소 • 작업 시 분진 발생 지역
	안전복 착용	• 독성 물질, 부식성 물질 취급 보관 장소 • 세균오염 물질 취급 장소 • 기타 위해물질 취급 장소 • 작업 중 신체 손상 위험 기기 취급 • 모든 분야의 모든 연구 행위 시

표지내용	용어 및 의미	적용 장소 및 대상 분야
	안전장갑 착용	• 독성 물질, 부식성 물질 취급 보관 장소 • 세균 오염 물질 취급 장소 • 기타 위해 물질 취급 장소 • 작업 중 신체 손상 위험 기기 취급
	안전화 착용	• 독성 물질, 부식성 물질 및 기타 위해 물질 취급 장소 • 작업 중 신체 손상 위험 기기 취급
	보안면 착용	• 유해광선 취급 장소 • 파편의 비산장소
소방기기 표지		
	소화기	• 소화기 비치 장소의 상부 및 측면
	소방호스	• 소방호스 비치 장소의 상부 및 측면
 	비상경보기	• 비상경보기 비치 장소의 상부 및 측면
 	비상전화	• 비상전화기경보기 비치 장소의 상부 및 측면
안내 표지		
	응급구호 표지	• 응급 구호품 보관 장소 상부 및 측면
	들것	• 들것을 보관한 장소 상부 및 측면
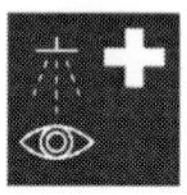	세안장치	• 세  안장치 설치 장소 상부 및 측면

표지내용	용어 및 의미	적용 장소 및 대상 분야
	비상구	• 비상 탈출구와 통로의 탈출구 방향
	좌, 우비상구	• 비상 탈출구와 통로의 탈출구 방향
	대피소	• 대피소의출입구

출처 : 연구실안전관리사 학습가이드

나. 안전정보표지의 부착

출입문 밖에 부착하여 연구실 내로 들어오는 출입자에게 경고의 의미를 부여하여야 하며, 또한 각종 위험 기구에 별도로 부착해야 한다.

① 연구실 건물의 현관, 또는 연구실이 밀집된 층의 중앙 복도에 공통적인 표지 부착
② 각 연구실 출입문에 필요한 위험표지 부착
③ 각 실험장비의 특성에 따라 안전표지 부착
④ 각 실험기구 보관함에 보관물질 특성에 따라 안전표지 부착

다. 참고자료

① 연구실 설치·운영 가이드라인 제2부 및 제3부 (공통 · 분야별 설치 · 운영 가이드라인), 과학기술정보통신부·국가연구안전관리본부, 2019
② 「연구실 안전환경 조성에 관한 법률(법률 제18425호)」 제5조
③ 「연구실 안전환경 조성에 관한 시행규칙(과학기술정보통신부령 제85호)」 제3조 및 [별표 1] 등

5 실험실 환기설비 등

가. 환기설비 설치·운영 기준

연구활동 과정에서 발생할 수 있는 분진, 증기, 가스 등의 배출을 위한 기계적 또는 자연 환기설비 및 배출설비를 설치하고, 재유입되지 않도록 충분한 속도 유지 및 배출구 위치 선정

① 기계적 환기는 강제환기(기계환기설비, 송풍기, 월팬, 시로코 팬 등) 방식으로써, 인공적으로 공기의 흐름을 발생시켜 지속적으로 일정량을 환기하는 방식

② 자연적 환기는 공기가 인입 되는 급기구와 실내 공기를 배출하는 환기구 등을 통해 풍력이나 온도 차에 의해 환기하는 방식

③ 배출설비 배출 방식에 따라 국소환기와 전체환기방식으로 구분되며, 흄 후드 등의 국소환기 설비는 연구실 유해인자의 흄, 미스트, 분진, 증기 등이 집중적으로 발생하는 장소에 설치하여야 하며, 전체환기설비는 연구장비 등이 완전 이음구조로 설치되어 국소환기 방식을 설치할 수 없는 경우에 적용

연구 활동 내용에 따른 연구실 위험도 구분은 다음과 같다.

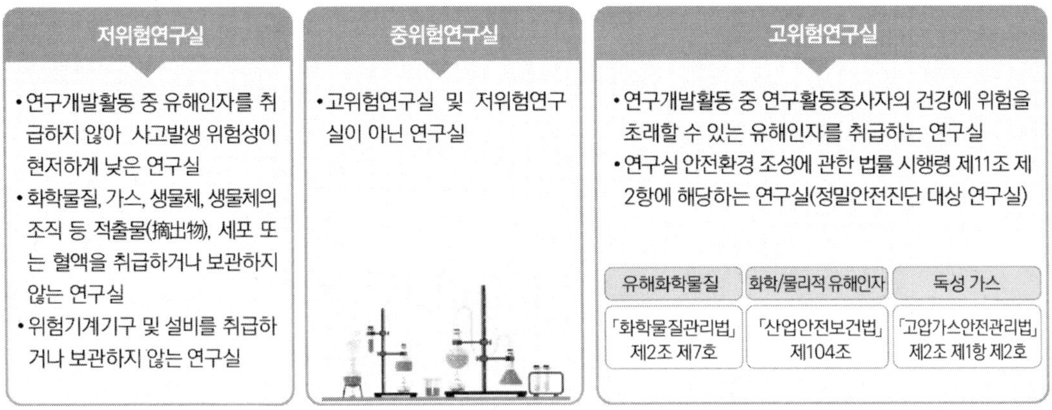

그림 9.5 연구실 위험도 구분 기준(출처 : 연구실책임자를 위한 안전관리 실무)

구분	점검 항목	저위험	중위험	고위험
설치기준	기계적인 환기설비 설치	권장	권장	필수
	국소배기설비 배출공기에 대한 건물 내 재유입 방지 조치	권장	권장	필수
운영기준	주기적인 환기설비 작동상태(배기팬 훼손상태 등) 점검	권장	권장	필수

(1) 목적

연구실 내 체류할 수 있는 분진, 증기, 가스 등으로부터 연구활동 종사자 건강 보호 및 쾌적한 연구환경 구축

(2) 적용대상

유해화학물질, 독성가스 등을 취급하는 고위험연구실은 필수 적용(단, 저위험 또는 중위험 연구실로써 유해인자 등을 취급하지 않는 연구실도 안전한 연구환경 조성을 위하여 환기설비 설치 권장)

(3) 적용방법

환기설비에 대해서는 주기적인 작동 점검을 실시한다.

(4) 이행 권장기준

① 기계적인 환기설비 설치

- 증기·가스·분진 등이 발생할 우려가 있는 유해인자를 취급하는 연구실은 전역 또는 국소 배기장치, 루프팬, 월팬 등의 기계적인 환기설비 설치
  - 연구실의 환기설비는 일반 공조 덕트와 구분되어야 하며, 환기설비를 통하지 않고 연구실 내부 공기가 외부로 직접 배출되지 않도록 설치
  - 환기설비의 급·배기구에는 필요 시 외부로부터 열, 수증기 및 유해물질의 유입을 차단하기 위한 필터나 흡착설비 등 설치
  - 연구실 환기설비의 덕트는 내마모성, 내부식성의 재료 또는 도포한 재질을 사용하여 변형 등이 발생하지 않도록 충분한 강도 유지

- 불가피한 사정으로 기계적인 환기설비의 설치가 곤란한 경우에는 급기구와 배기구의 높이를 달리하는 방법 등에 의한 자연환기 실시
  - 연구실 시간당 환기횟수(Air change rate)는 연구실의 위험도에 따라 4~16회 이상 유지

② 국소배기설비 배출 공기의 건물 내 재유입 방지 조치

- 배기구는 연구실 외부로 방출된 공기가 재유입되거나 다른 연구실로 확산되지 않는 구조로 설치
  - 옥외에 설치하는 배기구는 지붕으로부터 1.5 m 이상 높게 설치하고, 배출된 공기가 주변 지역에 영향을 미치지 않도록 상부 방향으로 10 m/sec 이상 속도로 배출

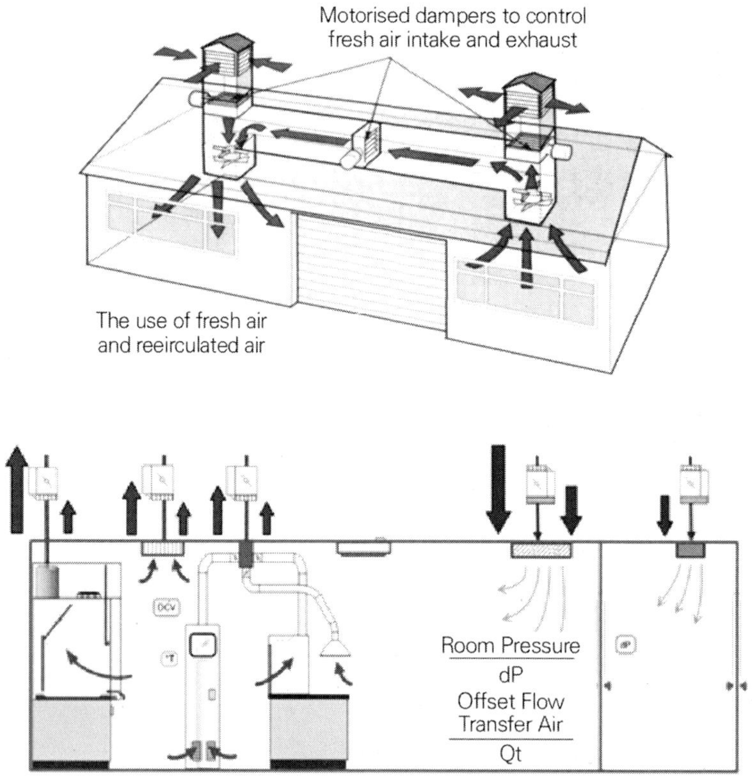

그림 9.6 기계적인 환기설비(상) 및 국소배기설비(하)

(출처 : 연구실책임자를 위한 안전관리 실무)

③ 주기적인 환기설비 작동상태(배기 팬 훼손 상태 등) 점검

- 연구실 안전점검을 통해 주기적인 환기설비의 작동상태 확인
  - 급기 및 배기 되는 공기가 섞이는 교차오염과 역류 등이 발생하지 않는지 확인
  - 급·배기구와 덕트 등과의 연결상태 확인
  - 배기팬 등 환기설비 주요 부품의 훼손 및 정상 작동상태 확인

(5) 관계법령 및 참고기준

항목	관계법령 및 기준
기계적인 환기설비 설치	• 위험물안전관리법 시행규칙 별표 16 • 고압가스안전관리법 시행규칙 별표8 • 화학물질관리법 시행규칙 별표1 • 화학물질관리법 시행규칙 별표5 • 화학물질관리법 시행규칙 별표5 • 유해화학물질 소량 취급시설에 관한 고시 별표5 • 산업안전보건기준에 관한 규칙 제8장 • 환경부, 환경실험실 운영관리 및 안전 • 한국산업안전보건공단, KOSHA Guide W-1-2019, • 산업환기설비에 관한 기술지침 • DIN EN 1946-1 : 1999 University of California. Environment Health & Safety laboratory safety Design Guide. 3. Laboratory ventilation and fume hood 3-1 • 한국산업안전보건공단, KOSHA Guide • P-76-2011, 화학물질을 사용하는 실험실 내의 작업 및 설비안전 기술지침 • BS EN 14175-7 : 2012 Prudent Practices in the Laboratory 9.C, 9.D
국소배기설비 배출 공기에 대한 건물 내 재유입 방지 조치	• 유해화학물질 실내 저장시설 설치 및 관리에 관한 고시 ANSI/AIHA Z9.5, 5.3.6

나. 흄 후드 등의 국소배기장비 설치 및 운영 기준

구분	점검 항목	저위험	중위험	고위험
설치기준	흄 후드 등의 국소배기장비 설치	-	필수	필수
	적합한 유형, 성능의 생물안전작업대 설치	-	권장	필수
운영기준	흄, 가스, 미스트 등의 유해인자가 발생되거나 병원성 미생물 및 감염성물질 등 생물학적 위험 가능성이 있는 연구개발 활동은 적정 국소배기장비 안에서 실시	-	필수	필수
	주기적인 흄 후드 성능(제어풍속) 점검	-	필수	필수
	흄 후드 내 청결상태 유지	-	필수	필수
	생물안전작업대 내 UV램프 및 헤파필터 점검	-	권장	필수

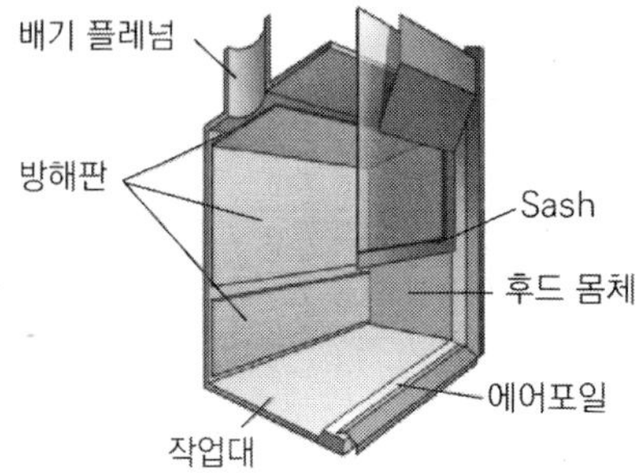

그림 9.7 흄 후드의 구조

(출처 : 연구활동 종사자를 위한 보건관리)

(1) 목적

연구활동 중 발생하는 유해인자의 흄, 증기, 분진, 미분 등으로부터 연구활동 종사자의 건강 보호 및 쾌적한 연구환경 구축

(2) 적용대상

① 유해화학물질 등의 유해인자를 취급하는 중·고위험 연구실에서는 흄 후드 등의 국소배기장비 설치 필수 적용

② 연구실 내 취급하는 생물체의 위험성을 고려하여 중위험 연구실에는 생물안전작업대 설치 및 작업대 내 UV 램프, 헤파필터 점검항목 권장 적용

(3) 적용방법

① 연구실 내 흄 후드 등의 국소배기장비를 설치하고, 해당 장치 내에서 연구활동 실시
② 국소배기장비의 제어풍속은 주기적으로 측정·점검하여 성능을 유지하도록 하며, 후드 등은 청결하게 유지·관리
③ 생물체를 취급하는 연구실에서는 위험도에 따라 적합한 생물안전작업대를 설치하고 UV 램프, 헤파필터에 대한 주기적 점검실시

(4) 이행 권장기준

① 흄 후드 등의 국소배기장비

흄, 가스, 분진, 미분 등이 발생할 우려가 있는 유해인자를 취급하는 연구실은 흄 후드 등의 국소배기장비를 설치

- 흄 후드는 공기의 흐름, 난류를 발생시킬 우려가 있는 행위 또는 시설(출입구, 환기창 등)과 이격하여 설치
- 흄 후드, 샤시와 건물의 주요구조부(벽, 기둥 등)와의 간격은 후드를 보호함과 동시에 공기의 유입에 영향을 주지 않도록 설치
- 흄 후드 샤시는 사고 발생 시 비산방지를 위하여 안전유리로 하거나 외부에 방폭필름 부착

② 적합한 유형, 성능의 생물안전작업대 설치

제1군 병원체를 취급하는 경우에는 1등급, 제2군 병원체를 취급하는 경우에는 2등급, 제3군 및 제4군 병원체를 취급하는 경우는 3등급 생물안전작업대 설치

- 생물안전작업대는 공기의 흐름, 난류를 발생시킬 우려가 있는 행위 또는 시설(출입구, 환기창 등)과 이격하여 설치

③ 흄, 가스, 미스트 등의 유해인자가 발생되거나 병원성미생물 및 감염성물질 등 생물학적 위험 가능성이 있는 연구개발 활동은 적정 국소배기장비 안에서 실시

흄, 가스, 분진, 미분 등의 유해인자가 연구실 및 외부로 확산되지 않도록 해당 유해인자를 취급하는 연구활동은 국소배기장비 내에서 실시

- 국소배기장비 내에는 일정한 공기흐름을 방해할 수 있는 물체 또는 실험장비 등 보관 금지

• 흄 후드 사용 시 샤시 높이는 작업자의 코 위치 아래로 낮추어 사용

④ 주기적인 흄 후드 성능(제어풍속) 점검

흄 후드 등의 국소배기장비는 주기적(분기별 1회 이상)으로 제어풍속을 측정하여 적절한 성능이 유지되도록 조치

• 제어풍속은 개방상태로 개구면에서 가스상태의 경우 면속도 0.4 m/sec 이상, 입자 상태의 경우 0.7 m/sec 이상 유지
• 국소배기장치 점검 후에는 최종 점검일, 평균 면속, 팬의 위치, 점검자 성명 등을 기입한 라벨을 각각의 장비에 부착

⑤ 흄 후드 내 청결상태 유지

흄 후드는 연구·실험 후 잔존물이 없도록 청결함을 유지하고, 흄 후드 내부에는 폐기물 및 유해화학물질 보관 금지

• 흄 후드 하부공간 내 인화성물질 보관 금지

⑥ 생물안전작업대 내 UV 램프 및 헤파필터 점검

생물안전작업대의 UV 램프와 조명(형광등)이 정상 작동하는지 확인하며, 동시 작동되지 않도록 점검

• UV램프는 연구활동 종사자 보호를 위해 문이 열릴 시 자동으로 꺼지거나 알람이 울리도록 조치
• 헤파필터의 안전성 유지를 위하여 표면 손상이나 개스킷과의 누기 여부를 수시 확인하며, 이상이 있을 경우 교체

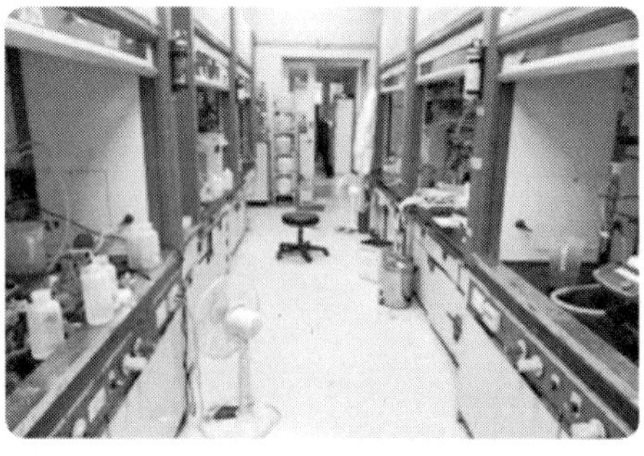

흄 후드 내 청결상태 불량

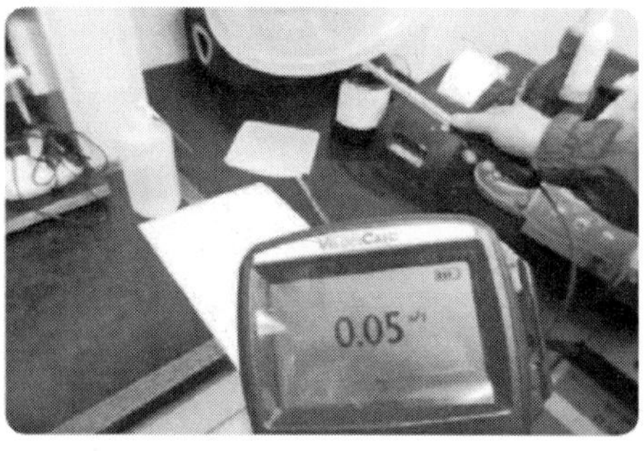

국소배기장비 성능(제어풍속) 불량

그림 9.8 흄 후드 설치 미흡 사례

(출처 : 연구실 책임자를 위한 안전관리 실무)

(5) 관계법령 및 참고기준

항목	관계법령 및 기준
국소배기장치 설치	• NFPA 45, Chapter 7.9, Chemical fume hood location 산업안전보건기준에 관한 규칙 제500조
생물안전작업대설치	• 과학기술정보통신부, 유전자변형 생물체의 국가간 이동 등에 관한 통합고시, 제9-2조 안전관리등급별 설치운영 기준 • 고위험병원체 취급시설 및 안전관리에 관한 고시 • 생물안전실험실 안전보건에 관한 기술지침 (KOSHA GUIDE W-3-2015)
연구활동의 적정 국소배기장비안에서 실시	• 한국산업안전보건공단, KOSHA Guide H-71-2012, 유기화합물 취급 관리지침, 4. 작업환경관리
흄 후드 성능점검	• NFPA 45, Chapter 7, 7.13.2, Laboratory ventilating systems and hood requirements • 산업안전보건기준에 관한 규칙 별표13
흄 후드 내 청결상태 유지	• 연구실 설치·운영 가이드라인 개정판
생물안전작업대 내 UV램프 및 헤파필터 점검	• 질병관리청 국립보건연구원, 실험실 생물안전지침

다. 긴급 세척장비

구분	점검 항목	저위험	중위험	고위험
설치기준	• 연구실 및 인접 장소에 긴급세척장비 (비상샤워장비 및 세안장비) 설치	-	필수	필수
	• 긴급세척장비 안내표지 부착	-	필수	필수
운영기준	• 주기적인 긴급세척장비 작동기능 점검	-	필수	필수

(1) 목적

유해화학물질, 독성가스, 생물체 등의 유해인자에 노출된 연구활동 종사자 응급 세척을 통해 피해 최소화

(2) 적용대상

화학물질, 독성가스 등의 유해인자를 취급하는 중·고위험 연구실 필수적용

(3) 적용방법

① 유해인자를 취급하는 장소와 근접한 곳에 비상샤워장비 또는 세안장비 등 긴급 세척장비를 설치하고, 주기적으로 작동점검 실시

② 긴급 세척장비에 안내표지 부착

(4) 이행 권장기준

① 연구실 및 인접 장소에 긴급세척장비(비상샤워장비 및 세안장비) 설치

유해인자에 노출되거나 접촉하였을 시, 10초 이내에 도달할 수 있는 곳(비상샤워장비의 경우 층에 최소 1개 이상, 세안장비는 각 연구실 내)에 긴급세척장비 설치

- 비상샤워장비의 밸브는 바닥으로부터 170 cm 이하의 높이로, 샤워꼭지는 바닥으로부터 210 cm～240 cm 위치에 설치
- 세안장비의 분사 노즐은 바닥으로부터 85 cm～115 cm 사이에 위치하도록 설치
- 긴급 세척장비 주변에 방해물 등 적재 금지

② 긴급 세척장비 안내표지 부착

연구활동 종사자에게 잘 보이는 곳에 긴급 세척장비 안내표지 부착

- 안내표지는 시인성이 매우 높도록 작성하여야 하며, 비상샤워장비가 설치된 바닥에는 분사구를 중심으로 바닥과 현저하게 다른 패턴이나 색채를 이용하여 위치 표시

③ 주기적인 긴급 세척장비 작동기능 점검

비상샤워장비의 작동기능점검은 최소 분기별 1회 이상, 세안장비의 작동기능점검은 최소 주 1회 이상 정기적으로 실시하여 세척 용수 상태 확인

- 긴급세척장비는 겨울철 동파를 방지하기 위한 조치를 하여야 하며, 세척용수의 온도는 섭씨 40도를 초과하지 않도록 유지
- 비상샤워장비의 분사량은 최소 분당 80 L 이상, 세안장비의 분사량은 최소 분당 1.5 L 이상이어야 하며, 사용자가 다치지 않는 정도의 분사압력 유지

④ 세안장치의 사용 및 유지

- 세안장치는 유해물질을 취급하는 실험실에 설치하여야 하며, 실험실 내의 모든 인원이 쉽게 접근하고 사용할 수 있도록 준비되어 있어야 함
- 세안장치는 실험실의 모든 장소에서 10초 이내에 도달할 수 있는 위치에 확실히 알아볼 수 있는 표시와 함께 설치되어 있어야 함

- 실험실 작업자들은 눈을 감은 상태에서도 가장 가까운 세안장치에 접근할 수 있어야 함.
- 눈 부상은 보통 피부 부상을 동반하게 되므로 세안장치는 샤워장치와 같이 설치하여, 눈과 몸을 동시에 씻을 수 있도록 함
- 물 또는 눈 세척제는 직접적으로 눈을 향하게 하는 것보다는 코의 낮은 부분을 향하도록 함
- 눈꺼풀은 강제적으로 열리도록 하여 눈꺼풀 뒤도 효과적으로 세척해야 함
- 코의 바깥쪽에서 귀 쪽으로 세척하여 씻겨진 화학물질이 거꾸로 눈 안이나 오염되지 않은 눈으로 들어가지 않도록 하여야 하며, 물 또는 눈 세척제로 최소 15분 이상 눈과 눈꺼풀을 씻어냄

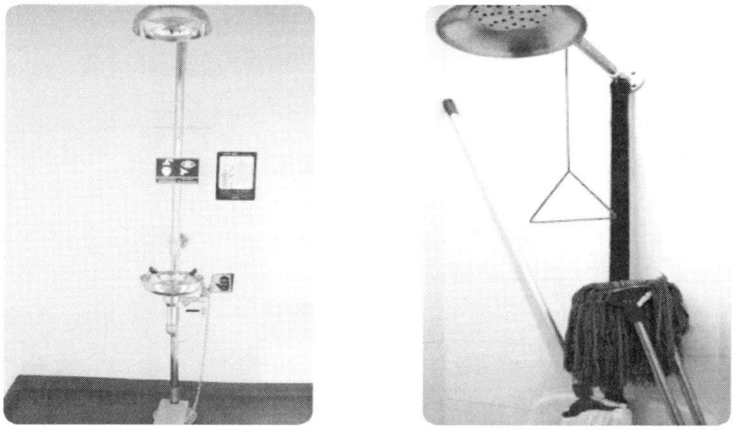

그림 9.9 비상용 샤워장비 양호(좌)·불량(우) 설치 사례

(출처 : 연구실책임자를 위한 안전관리 실무)

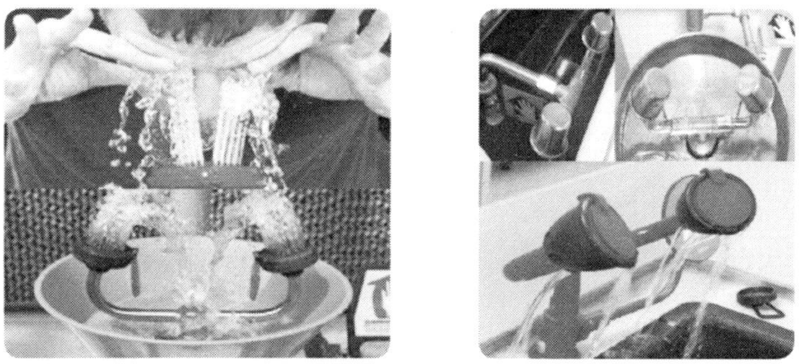

그림 9.10 비상용 세안장치 양호(좌)·불량(우) 설치 사례

(출처 : 연구실책임자를 위한 안전관리 실무)

- 유해한 화학물질로 오염된 눈을 씻을 때는 가능한 빨리 콘택트렌즈는 벗겨내고 피해를 입은 눈은 깨끗하고 살균된 거즈로 덮고 병원이나 구급대에 전화
- 수직형의 세안장치는 공기 중의 오염물질로부터 노출을 보호하기 위한 보호커버를 설치함

(5) 관계법령 및 참고기준

항목	관계법령 및 기준
긴급세척장비 설치	• 화학물질관리법 시행규칙 별표1 • 화학물질관리법 시행규칙 별표5 • 산업안전보건기준에 관한 규칙 제465조 • 산업안전보건기준에 관한 규칙 제508조
안내표지 부착 작동기능 점검	• 한국산업안전보건공단, KOSHA Guide - 44-2016, 세안설비 등의 성능 및 설치에 관한 기술지침

라. 시약장

구분	점검 항목	저위험	중위험	고위험
설치기준	강제배기장치 또는 필터 등이 장착된 시약장 설치	-	권장	필수
	충격, 지진 등에 대비한 시약장 도방지조치	-	필수	필수
운영기준	시약장 내 물질 물성이나 특성별로 구분·저장 (상호 반응물질 함께 저장 금지)	-	필수	필수
	시약장 내 모든 물질 명칭, 경고표지 부착	-	필수	필수
	시약장 내 물질의 유통기한 경과 및 변색 여부 확인·점검	-	필수	필수
	시약장별 저장 물질 관리대장 작성·보관	-	권장	필수

(1) 목적

시약장 내 각종 화학물질의 안전한 보관·관리 및 가스, 흄 등의 배출 예방

(2) 적용대상

① 유해화학물질 등의 유해인자를 취급하는 중·고위험 연구실에 필수적용

② 연구실 내 취급되는 유해인자의 위험성을 고려하여 중위험 연구실에는 강제배기장치 또는 필터 장착 시약장의 설치와 물질 관리대장 작성 기준 권장 적용

(3) 적용방법

① 흄, 가스 등의 배출 또는 저감 장치가 부착된 시약장을 설치·사용하여야 하며, 시약장은 흔들림을 예방할 수 있도록 고정조치(전도방지조치) 실시

② 화학물질의 물리적 위험성 및 반응성을 고려하여 구분 저장하고 각 물질별 안전관련 정보 부착

③ 시약장 보관물질에 대한 주기적인 점검 및 관리대장 작성·보관

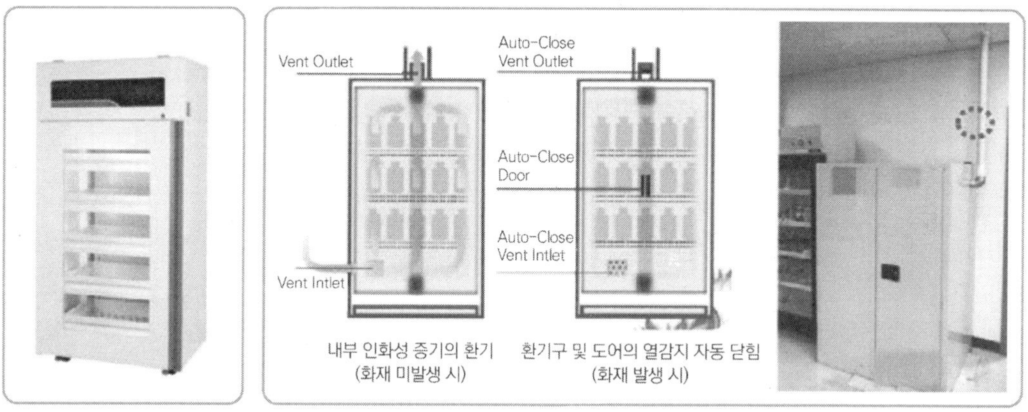

밀폐형 환기 시약장 배기장치 부착 시약장

그림 9.11 시약장 사진(출처 : 연구실책임자를 위한 안전관리 실무)

(4) 이행 권장기준

① 강제배기장치 또는 필터 등이 장착된 시약장 설치

강제배기장치를 통해 유해공기를 배출하거나, 필터를 통해 유해공기를 순화할 수 있는 성능을 지닌 시약장(예 : 밀폐형환기식시약장) 설치

- 시약장은 발화원 근처 또는 출입에 지장을 초래하는 곳(출입구, 계단 인근 등)에 설치 금지

② 충격, 지진 등에 대비한 시약장 전도방지조치

와이어, 폴식기구 등을 활용하여 시약장의 흔들림이 없도록 고정조치

③ 시약장 내 물질 물성이나 특성별로 구분·저장(상호 반응물질 함께 저장 금지)

시약장 내 보관물질은 물성이나 특성별로 구분하여 저장

- 알파벳순 또는 가나다순 등 물질 이름으로 분류·저장 금지
- 서로 반응할 수 있는 물질은 같은 시약장 내 보관 금지

④ 시약장 내 모든 물질 명칭, 경고표지 부착

시약장 내 보관하는 물질은 연구활동 종사자가 쉽게 알아볼 수 있도록 명칭, 안전라벨 부착

- 물질에 대한 식별이 용이하도록 큰 병은 뒤쪽에, 작은 병은 앞쪽에 보관

⑤ 시약장 내 물질의 유통기한 경과 및 변색여부 확인·점검

시약장 내 보관하는 물질의 용기상태, 유통기한 경과여부, 변색여부 등을 주기적으로 확인하고, 사용하지 않는 물질은 폐기조치

⑥ 시약장별 저장물질 관리대장 작성·보관

독성물질, 방사성물질, 감염성물질을 보관할 경우는 물질의 사용 내역 등이 적힌 관리대장 별도 작성·보관

⑦ 실험실 내에 시약 등 유해물질을 저장할 경우는 강제배기장치가 설치되어 통풍이되는 캐비닛에 저장

⑧ 유해물질의 사용 및 유지

- 유해물질은 물성이나 특성별로 저장하여야 하며 알파벳순이나 가나다순 등 이름 분류로 저장
- 서로 반응할 수 있는 유해물질을 함께 두지 않아야 함
- 유리상자에 저장된 것은 가능한 캐비닛 선반의 제일 아래에 보관

⑨ 캐비닛의 형식은 다음 요령에 따라 선택

- 가연성 물질용 캐비닛은 가연성 물질 및 인화성 액체 저장용으로 사용
- 산, 부식 물질용 캐비닛은 내부식성 재질의 것을 사용
- 실험실 외부의 가연성 및 부식성 액체를 저장할 때는 저장 캐비닛을 별도로 설치하여 사용

시약장 화학물질 혼재보관

물질 특성별 분류 미실시

화학물질 명칭, 경고표지 미부착

유통기한 경과 시약 보관 및 관리미흡

그림 9.12 시약장 미흡 운영 사례

(출처 : 연구실책임자를 위한 안전관리 실무)

(5) 관계법령 및 참고기준

항목	관계법령 및 기준
강제배기장치 또는 필터 등이 장착된 시약장 설치	• NFPA 30, Chapter 9, Storage of liquids in containers - general requirements • 한국산업안전보건공단, KOSHA Guide G-82-2012, 실험실 안전보건에 관한 기술지침 • EN 14470-1, Fire safety storage cabinets - Part 1 : Safety cabinets for flammable liquids
시약장 내 물질 물성이나 특성별로 구분 저장 (상호 반응물질 함께 저장 금지)	• 화학물질관리법 제13조
충격, 지진 등에 대비한 시약장 전도방지조치	• 연구실 설치·운영 가이드라인 개정판
시약장 내 모든 물질 명칭, 경고 표지 부착	• 관세청, 실험실 안전 환경 조성에 관한 훈령
시약장별 저장 물질 관리대장 작성·보관	• 국립환경과학원, 환경실험실 운영관리 및 안전

마. 실험실용 냉장고

① 일반 냉장고를 가연성 물질과 같은 특별한 위험이 있는 물질 보관용으로 사용하지 말아야

한다.

② 실험실 용도의 냉장고는 유해물질의 저장이 가능한 것을 사용한다.

③ 위험물질의 보관기간은 가능한 한 짧게 한다.

④ 냉장고는 정기적으로 점검하여야 한다.

⑤ 냉장고의 사용 및 유지는 다음 각호의 요령에 따른다.

- 냉장고에 저장할 수 있는 유해물질은 표지를 붙여야 한다.
- 방사능물질을 저장할 경우는 냉장고에 방사능물질을 저장하고 있다는 표지를 붙인다.
- 냉장고 속에 보관되는 용기들은 완전히 밀폐되거나 뚜껑이 덮여 있어야 하며, 안전하게 놓이고, 물질표지가 붙어 있어야 한다.
- 뚜껑이 알루미늄 호일, 코르크 마개, 유리 마개 등으로 제작된 것은 저장을 피한다.
- 냉장고는 물이 떨어지는 것을 방지할 수 있도록 서리가 끼지 않는 것을 사용한다.

그림 9.13 실험실 냉장고 내 음식물 보관 사례

(출처 : 연구실책임자를 위한 안전관리 실무)

바. 조명

구분	점검 항목	저위험	중위험	고위험
설치기준	연구활동 및 취급 물질에 따른 적정 조도값 이상의 조명장치 설치	권장	필수	필수

(1) 목적

연구활동 종사자의 연구활동에 필요한 충분한 시야를 확보하고 불완전행동(오작동)으로 인한 사고를 예방하기 위하여 일정 수준 이상의 조명을 확보하여 쾌적한 연구환경 조성 및 안전사고 예방

(2) 적용대상

유해인자 및 실험기계 등을 취급하는 중·고위험 연구실은 필수 적용되고, 저위험연구실은 권장 적용

(3) 적용방법

수행하는 연구활동의 유형에 따라 채광, 조도, 눈부심, 자연광 확보 및 최소 조도 기준 준수

※ 조도 측정 방법

- 검교정된 조도 측정기 사용
- 연구활동 위치의 높이에서 조도 측정

(4) 이행 권장기준

① 연구실은 한국산업표준(KS A 3011)에 따라 연구활동 유형에 따른 적정 조도값 확보

② 연구실 조명은 연구활동에 방해되지 않도록 눈부심이나 어두움, 깜박거림이 없어야 하며 연구활동 특성에 맞는 조명 설치

③ 색 효과 발생에 따라 사물의 표면이 다른 색으로 보일 수 있으므로 자연광에 가까운 광원을 사용

(5) 관계법령 및 참고기준

항목	관계법령 및 기준
조명	• 산업안전보건기준에 관한 규칙 제7조 • 위험물안전관리법 시행규칙 별표 16 • 학교보건법 시행규칙 별표2 • 한국산업표준 조도기준 (KS A 3011) • 대학 실험실 안전환경 구축 가이드

사. 구급용구의 비치

연구활동에 따른 연구자의 부상, 크고 작은 안전사고가 발생할 수 있으므로 구급용구를 비치하여 필요 시 즉시 사용할 수 있도록 해야 하며, 비치 장소와 사용 방법을 알려야 한다.

(1) 구급용구 종류

① 붕대재료·탈지면·핀셋 및 반창고

② 외상(外傷)용 소독약

③ 지혈대·부목 및 들것

④ 화상약(고열물체를 취급에 따른 화상 우려가 있는 경우 해당)

(2) 구급용구 관리자 지정

구급용구는 언제든지 사용할 수 있도록 관리자를 지정하여 청결하게 유지하여야 한다.

(3) 관계법령 및 참고기준

항목	관계법령 및 기준
구급용구	산업안전보건기준에 관한 규칙 제82조

CHAPTER

10

폐기물안전 분야

학습내용

1. 개요
2. 화학적 폐기물의 취급과 관리
3. 생물학적 폐기물의 취급과 관리

1 개요

실험실의 폐기물에는 다양한 종류가 있다. 특히 화학물질은 우리들의 건강에 어떤 형태로든 관계가 있으므로 환경오염 방지의 입장에서 미량이라도 자연수역 또는 대기 중에 방출함이 없도록 적당한 처리를 해야 한다. 또한 폐기물 수집은 지정된 절차 및 방법에 따라서 실시되어야 한다. 일반적으로 실험실에서의 폐기물은 산업 폐기물과 비교하여 양적으로는 적으나, 종류가 많고 조성이 때에 따라 변화하므로 이들을 일괄 집중하여 처리하는 것보다는 실험실마다 그 성질에 따라 개별적으로 처치하는 것이 바람직하다.

폐기물의 회수처리는 필연적으로 실험자 한 사람, 한 사람이 맡게 되므로 각 연구활동 종사자는 부주의, 오조작 또는 사고 등에 의하여 유해물질을 유출하지 않도록 충분한 주의를 해야 함과 동시에 환경안전에 대한 인식을 깊이하고 실험자 자신이 가해자 또는 피해자가 되는 일이 없도록 대처해야 한다. 여기서는 폐기물의 안전한 취급 및 관리를 위하여 폐기물의 수집 및 처리 방법을 파악하고, 일반적인 화학적 폐기물 및 생물학적 폐기물의 관리방법을 설명하고자 한다.

2 화학적 폐기물의 취급과 관리

가. 실험실 폐기물

실험실의 폐기물에는 다양한 종류가 있다. 특히 화학물질은 우리들의 건강에 어떤 형태로든 관계가 있으므로 환경오염 방지의 입장에서 미량이라도 자연수역 또는 대기 중에 방출함이 없도록 적당한 처리를 해야 한다. 일반적으로 실험실에서의 폐액은 산업 폐액과 비교하여 양적으로는 적으나, 종류가 많고 조성이 때에 따라 변화하므로 이들을 일괄 집중하여 처리하는 것보다는 실험실마다 그 성질에 따라 개별적으로 처치하는 것이 바람직하다. 따라서 폐액의 회수처리는 필연적으로 실험자 한 사람 한 사람이 맡게 되므로 각 연구자는 부주의, 오조작 또는 사고 등에 의하여 유해물질을 유출하지 않도록 충분한 주의를 해야 함과 동시에 공해방지에 대한 인식을 깊이하고 실험자 자신이 가해자 또는 피해자가 되는 일이 없도록 대처해야 한다.

나. 폐기물의 수집, 운반 및 보관상 주의

① 화학폐기물 수집 용기는 운반 및 용량 측정이 용이한 플라스틱 용기를 사용하여야 한다. 캔 용기는 장기간 보관 시 부식되어 폐액의 유출에 따른 안전사고의 위험이 있고, 유리용기는 장거리 운반 시 파손에 따른 위험이 있으므로 사용을 제한함을 원칙으로 한다.

② 화학폐기물은 폐산, 폐알칼리, 폐유기용제(할로겐족, 비할로겐족) 등 종류별로 구분하여 수집하며, 수집용기 외부에는 부서명과 호실, 전화번호, 품명, 특성 등을 기록한 폐기물 스티커를 부착한다.

③ 화학폐기물 용기는 복도 또는 계단에 방치되어서는 안 된다. 폐기물 보관장소는 직사광선을 피하고 통풍이 잘되는 곳에 있어야 하고, 금연, 화기취급엄금 표지와 함께 폐기물 보관 수칙을 부착해야 한다.

④ 빈 시약 병은 깨끗이 청소한 후 깨지지 않도록 상자에 넣어 폐기물 보관장소에 보관한다.

⑤ 화학폐기물 용기는 폐액의 유출·악취가 발생되지 않도록 2중 마개로 닫는 등 필요한 조치를 취한다.

⑥ 폐기물을 운반할 때는 손수레와 같은 안전한 운반구 등을 이용하여 운반한다.

⑦ 방사성 폐기물은 별도 수집하며, 정해진 처리규정에 따라 방사능이 누설되지 않도록 엄중히 처리해야 한다.

⑧ 폐기물 보관장소에 폐기물이 일정 수준 이상으로 쌓이거나 또는 일정한 기간이 지나면 처리업체에 연락하여 폐기물을 수거하도록 한다.

⑨ 유리제품은 유해한 물질에 의하여 오염된 깨진 유리는 분리 처리토록 하고, 각 실험실에서는 깨진 유리만을 버리는 함을 설치하도록 한다.

다. 실험실 유해폐액 수거 및 처리

환경안전관리의 책임은 각 기관의 배출 책임과 폐액관리부서의 관리책임으로 나뉘게 되며 구체적 내용은 아래 그림으로 표시된다.

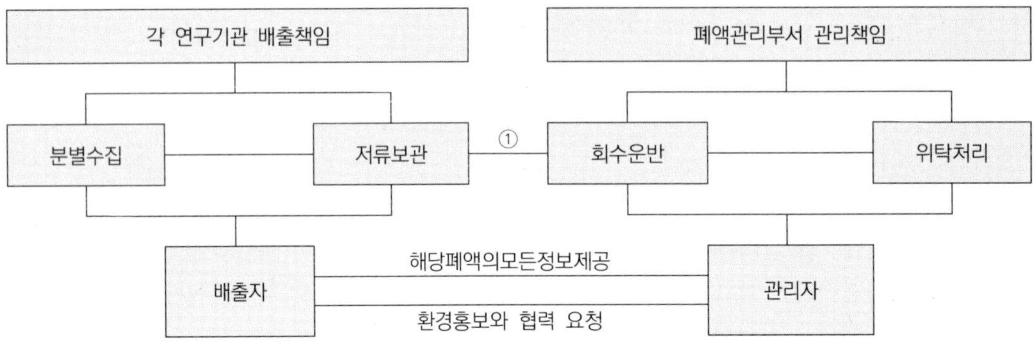

그림 10.1 실험 유해폐액 수거 및 처리의 책임 체제

〈그림 10.1〉에서 ①은 실험 폐액의 배출자와 폐액관리부서 수거 담당자와의 교류점으로 상호간의 엄격한 인수인계 작업이 이루어져야 한다. 또한 배출자는 처리담당자는 환경홍보와 협력 요청으로 배출자와의 관계를 긴밀하게 하여야 한다. 특히 처리지침을 위반하였을 경우 폐액관리부서장은 환경안전관리자에게 시정을 요구하고 개선이 되지 않을 시 공문으로 관리기관의 장에에 통보하고 시정을 요구한다.

라. 분별수집

① 배출자는 그 발생원에서 처리하는 것을 원칙으로 한다(원점 처리).
- 배출자 자신이 배출한 것은 원점에서 자신이 무공해화 처리를 할 것
- 폐액을 분별 수집하여 적절한 장소로 운반하여 처리토록 할 것

  이때 분별수집은 분별수집 계통도에 따라 엄격히 시행하여야 한다.

② 방사성 폐기물(액체, 고체 포함)은 별도 방사성 폐기물 처리 지침에 따른다.

마. 주의사항

① 무기계 폐액 중 유기계 폐액이 혼합되지 않도록 한다.

② 반드시 지정한 용기를 사용하여야 하고 폐액의 성분을 명시하여야 한다.

③ 폐액 중 침전물이나 고형물 있으면 제거하여야 한다(예 : 담배꽁초, 분필, 온도계, 초자, 여과지).

④ 무기계 폐액 중 독성이 강한 물질은 3회까지 세척한 폐액도 수집하여야 한다.
⑤ 성분 표시가 없는 것과 실험실 관리자의 날인이 없는 용기는 수거하지 않아야한다.
⑥ 실험폐액의 분류나 내용이 불명확한 것과 다음 각 항은 취급하지 않도록 한다.

- 방사성 폐기물
- 세균류 부착물
- 폭발성 물질 함유
- 기타 처리 불가능한 시약병, 플라스틱병, 동물 사체, 함석 용기, 불연성 고형물과 고체상의 폐시약류 (고형물은 배출기관에서 자체 처리)

⑦ 수거 용기

- 각 관리기관이 배부하는 20 L형 폴리 용기를 사용한다.
- 수거 용기는 폐액 분류표에 따라 6가지로 세분하고 종류가 다른 폐액은 혼합하여서는 안 된다.

⑧ 폐액 저장

- 폐액은 분별 수집하여 지정 용기에 저장한다.
- 실험 유해폐액은 2회까지 세척 폐액도 저장한다.
- 폐액의 농도가 높을 때, 독성이 강한 물질, 배출 허용기준이 낮은 물질 (수은, 카드뮴, 6가 크롬 등)을 함유할 경우 세척 횟수를 증가한다.

바. 폐액 저장용기 및 폐액의 저장

(1) 폐액 저장용기

폐액저장용기는 원칙적으로 폐액관리부서에서 배부하는 20 L형 플라스틱 용기를 사용한다. 저장용기는 폐액분류표에 따라 4가지(유기계 폐액, 산 폐액, 알칼리 폐액, 무기계 폐액 ; 권장)로 나누어지며 종류가 다른 폐액을 혼합하지 않아야 한다.

(2) 폐액의 저장

폐액은 분별 수집하여 지정 용기에 저장하고 실험 폐액은 2회까지의 세척 폐액도 저장하여야 한다. 특히 폐액의 농도가 높을 때, 독성이 강한 물질, 배출 허용기준이 낮은 물질(수은, 카드뮴, 6가크롬 등)을 함유하고 있을 때는 세척의 횟수를 늘려야 한다. 주의사항은 다음과 같다.

① 폐액은 분별수집 계통도에 따라 구분하여 저장하여야 한다.
② 유기계 폐액은 1실에 3통 이상 보관하지 않도록 한다.

사. 실험 폐액처리 의뢰 절차

폐액처리 의뢰전표를 활용하는 것이 바람직하다. 먼저 전표를 작성한다. 의뢰자와 환경안전관리자는 전표 앞면을 작성하고, 배출자는 폐액 저장용기에 폐액을 부을 때마다 주성분 등을 전표 뒷면에 정확히 기재하여야 한다. 폐액처리의뢰전표에 해당 정보와 실험실 환경안전관리자의 날인이 없는 폐액 저장용기는 수거하지 않으며 이러한 폐액 용기의 관리책임은 환경안전관리자가 진다.

수거 신청은 의뢰자와 환경안전관리자는 각 폐액 저장용기마다 필요한 사항을 기입한 폐액처리 의뢰전표를 폐액 용기에 부착한다. 폐액 의뢰자 또는 환경안전관리자는 폐액 저장용기를 지정된 시간에 기관별로 지정된 장소까지 운반하여야 한다. 해당일 지정된 시간에 동일한 장소에서 의뢰한 폐액 저장용기의 수와 동일한 수의 빈 수거 용기를 가져가며, 용기가 더 필요할 경우 폐액 관리부서에 연락한다. 기관별 폐액 수거일은 폐액 관리부서의 처리 능력에 따라 산하 각 기관별로 수거일을 명시할 수 있다.

(1) 주의사항

① 폐액처리의뢰전표에는 해당 정보를 기입하고 반드시 실험실 환경안전관리자의 날인을 받아야 한다.
② 폐액 저장용기에 이물질(분필, 여과지, 초자기구 등)이 함유되어 이거나 폐액처리 의뢰전표의 기재사항이 허위일 경우는 폐액 저장용기를 수거하지 않는다.
③ 수거 후 위 항의 사실이 발견되면 환경안전관라지에게 통보하며, 의뢰자는 즉시 본 폐액관리부서에 와서 이러한 폐액 저장용기를 회수하고 자체적으로 책임 처리 하여야 한다.
④ 지정된 시간과 장소 이외에 의뢰된 폐액 저장용기는 수거하지 않는다.

(2) 고체폐기물 처리

① 액체 + 용기가 병일 경우

- 액체는 폐액관리본부에서 배부하는 폐액 저장용기에 수집
- 빈 병은 라벨을 제거하고 철저히 세척한 후 일반폐기물 처리업자에게 위탁 처리하거나 유리병 제조업체에 처리의뢰
- 세척액은 폐액관리부서에서 제공한 폐액 저장용기에 수집

② 고체 + 용기가 병일 경우
- 고체시약이 든 시약병 전체를 지정폐기물 처리업자에게 위탁처리하거나
- 병 속에 든 내용물만 수집하여 지정폐기물 처리업자에게 위탁처리
  - 빈 병은 반드시 라벨을 제거한 후 철저히 세척하여 일반 폐기물 처리업자에게 위탁처리하거나 유리 제조업체에 수거 의뢰
  - 세척액은 폐액관리부서에서 제공한 폐액 저장용기에 수집

③ 액체 + 용기가 깡통일 경우
- 액체는 폐액 수거용기에 수집하고 빈 깡통은 철저히 세척한 후 부피를 줄여 일반폐기물을 분류하여 처리
- 세척액은 폐기물 처리업체에서 제공한 폐액 저장용기에 수집

④ 고체 + 용기가 깡통일 경우
- 용기와 고체폐기물 전체를 지정폐기물 처리업자에 위탁하여 처리

3 생물학적 폐기물의 취급과 관리

가. 바이오 위험 폐기물(Biohazardous Waste)

바이오 위험물질은 다음과 같이 8가지로 분류할 수 있다.

① 배양 동물 세포와 이러한 세포가 포함된 잠재적인 감염물질
② 영장류의 체액과 다른 잠재적으로 감염된 임상용 표본
③ 박테리아(bacteria), 바이러스(viruses), 곰팡이균(fungi), 리케차(rickettsiae),

④ 클라미디아(chlamydiae)를 포함하는 미생물
⑤ 기생충(parasites)
⑥ 알레르겐(allergens, 알레르기를 일으키는 물질)
⑦ 실험용 동물의 조직
⑧ 식물 바이러스, 박테리아, 곰팡이
⑨ 독소 (박테리아성, 동물성, 식물성)

바이오 위험과 다른 폐기물의 적절한 분리는 오염을 줄이는 데 필수적이다. 병원균 또는 바이오 위험 유기체에 의해 오염된 폐기물을 처리하기 전에 모든 바이오위험 또는 감염성 폐기물은 고압증기멸균에 의해 무해하게 만들어야 한다. 이것은 존재할 수 있는 모든 병원균을 죽이고 스팀이 내부까지 침투하도록 고압멸균용 전용 봉투를 사용한다. 멸균 소독 후에는 봉투 안에 내용물을 확실하게 나타내는 폐기물 꼬리표를 붙인다. 내용물이 새지 않아야 한다. 내용물은 투명 백에 이중으로 담는다.

나. 바이오의학 폐기물(Biomedical Waste)

바이오의학 폐기물은 인간 해부 폐기물, 바이러스나 물질을 포함하는 동물 폐기물 및 혈액 또는 체액 등이 있다. 바이오의학 폐기물은 다음과 같이 안전하게 처리한다. 첫째, 바이오 위험 전용 봉투 안에 이중 처리하여 담는다. 둘째, 내용물을 명확하게 명시하는 꼬리표와 특정 실험실을 나타내는 스티커나 바코드를 제공한다. 셋째,전문 처리 업자에게 넘기기 전에 전용 냉암소에 보관한다.

다. 병원성 폐기물(Pathological Waste)

병원성 폐기물(동물 사체 또는 동물 조직)은 두꺼운 전용 플라스틱 백에 수집하여야 한다. 모든 튜브, 플라스틱 칩, 텍 등은 동물에서 제거한다. 크기는 20 kg을 넘지 않도록 해야 한다. 내용물을 명확하게 명시하는 꼬리표와 특정 실험실을 나타내는 스티커나 바코드를 제공한다. 전문 처리 업자에게 넘기기 전에 전용 냉암소에 보관한다.

라. Ethidium Bromide Solid(gel waste)

Ethidium bromide gel 폐기물은 두꺼운 전용 플라스틱 백에 수집하여야 한다. 내용물을 명확하게 명시하는 꼬리표와 특정 실험실을 나타내는 스티커나 바코드를 제공한다. 건물의 지정 장소에 저장하여 폐기한다.

마. 날카로운 물질과 바늘(needle)

날카로운 물질과 주삿바늘은 신체상 감염성 위험성을 내포하고 있다. 이러한 위험을 제어하기 위해서는 날카로운 물질과 주삿바늘은 고압증기멸균기나 소각로에 견딜 수 있는 플라스틱으로 만들어진 용기에 수집하여야 한다. 보관 용기의 색깔은 빨간색으로 된 것이 좋다. 그렇지 않을 경우 쉽게 확인할 수 있도록 굵은 글씨체로 라벨 한다. 이것을 처분하기 위해서는 다음의 사항을 준수하여야 한다.

① 모든 날카로운 물질과 바늘은 "날카로운 물질 전용"의 전용 플라스틱 통에 수집한다.
② 통에 버리기 전에 모든 감염성 항목은 화학적으로 소독 처리하거나 가득 차면 고압 증기멸균 처리한다.
③ 스냅식 뚜껑이 밀페되는지 확인한다.
④ "날카로운 물질"이라는 표지로 내용물을 확인시키며 꼬리표를 단다. 특정 실험실을 나타내는 스티커나 바코드를 제공한다.

바. 1회용 주사기

1회용 플라스틱 주사기는 그것들이 바이오 위험성인지 그렇지 않은지에 따라 소각을 위해 따로 수집할 필요가 있다.

① 감염성 또는 바이오 위험 주사기는 적절한 화학소독제를 사용하든지 고압증기멸균 처리하든지 정화하여야 한다.
② 선택 1 : 모든 주사기를 날카로운 물질 전용 통에 수집한다(needle, plastic syringe barrel, plunger 모두 포함).

③ 선택 2 : 주사기에서 바늘을 제거하고 날카로운 물질 전용 통에 바늘을 수집한다. 나머지 주사기는 플라스틱 백에 수집하고 다른 통에 보관하여 그 박스에 소각이 필요한 플라스틱 폐기물로 지정하여 표지한다. 이 선택은 처분할 주사기의 양이 많을 때 적합하다.

사. 바이오 위험 폐기물의 운반

실험실 외부로 바이오 위험 폐기물을 운반할 때는 이중 전용 봉투를 사용하며 밀폐시키고 단단한 2차 용기에 넣어 옮긴다. 2차 용기의 사용은 아래 안전 지침에 따라야 한다.

① 모든 전용 봉투와 날카로운 물질 용기는 2차 용기에 넣어야 한다.
② 2차 용기는 누출 방지 용기여야 하고 꼭 맞는 뚜껑을 가지고 있어야 한다.
③ 차 용기는 뚜껑과 옆면에 “감염성 폐기물” 또는 바이오 위험 심볼과 “바이오 위험”이란 단어를 라벨링 한다.
④ 재사용하는 2차 용기는 깨끗해지기 쉬워야 하고 그것들이 비워질 때마다 세척해야 한다.

CHAPTER

11

방사선안전 분야

학습내용

1. 개요
2. 전자파 취급 시 안전
3. 방사선 취급 안전

1 개요

실험실에서 주로 사용하고 있는 방사선은 물리적 에너지이다. 방사선은 일종의 전자파로 물질에 작용하여 원자로부터 전자를 분리시켜 전하를 띤 이온을 생성할 수 있는 전리작용을 가진 전리전자파(X선, γ선과 같은 핵방사선 등)와 전리 능력이 없거나 약한 비전리성 전자파(전파, 광파 등)로 구분한다. 전자파(비전리 전자파)는 정밀장비를 오작동시킬 수 있을 뿐만 아니라(전자파 장해, EMI/EMC), 특정 전자파는 지나치게 많이 조사(照射)받을 경우는 인체에 영향을 미칠 수 있으므로, 이의 안전 취급이 무엇보다 중요하다. 특히, 방사성 동위원소, 레이저, X선 발생기 및 플라즈마 램프 등을 사용할 때 발생할 수 있으므로, 이들 장비 및 사용되는 방사선의 취급에 대한 확실한 지식과 예방조치는 필수적이다. 이러한 실험실에서는 다음과 같은 주의가 필요하다.

① 실험 중에는 작업복을 착용하고 안전화를 신도록 하며 슬리퍼나 샌들 등은 신지 않도록 한다.

② 전기배선작업이 필요한 실험 시에는 전선피복 벗겨짐이나 공구파손 등으로 인한 부상이나 감전의 우려가 크므로 주의해야 한다.

③ 필요한 장소에서는 보호안경이나 보호구를 착용한다.

④ 자외선 조사장치를 취급하는 경우, 자외선은 살균효과가 있으며 강한 자외선을 직접 눈에 쪼이면 실명을 할 수도 있으므로 주의해야 한다. 만일 렌즈 등이 파손되면 내부의 수은이 산란되고 유리벽에 수은 증기가 부착되게 되므로 주의하여 처리하여야 한다.

⑤ X선 발생장치를 취급하는 경우, 필히 지도교수의 지시에 따르도록 하며, 방사선 취급 안전사항을 준수한다.

⑥ 장기간의 실험을 하는 경우, 전기·급배수·증기·가스 등의 사용은 작업자가 없을 때 정전·단수·기체의 누출 등의 사고가 발생될 수 있으므로 미연에 대비책을 세워놓아야 한다.

⑦ 실험실은 항시 정리·정돈되고 청결한 상태로 유지되어야 작업의 능률이 향상되고 안전 확보에 만전을 기할 수 있다.

2 전자파 취급 시의 안전

가. 정밀 실험장비에 대한 대책

정밀장비에서의 전자파 장해를 방지하기 위해서는 타 기기를 오작동시킬 수 있는 불요 전자파(노이즈)의 누설 방지, 즉 전자파 교란(EMI)을 일으키지 않도록 하는 것과 당해 기기가 본질적으로 전자파 내성(EMS)을 갖도록 하는 것이며, 이것이 EMI의 필수방호 대책의 기본이며 EMC 충족요건이 된다.

이를 간단히 설명하면

첫째, 잡음원(노이즈원)을 최대한 억제하여 결합을 극소화시키는 방법
둘째, 회로를 노이즈에 대한 내력이 크도록 설계하는 방법
셋째, 회로가 오작동했을 때 회복수단을 강구하는 방법 등이 있는데

이를 위한 구체적인 방법으로는 신호와 노이즈의 주파수 차를 이용한 필터 구성·접지 실시·차폐·흡수·배선에 의한 방법 등이 있으며, 이를 요약하면 다음과 같다.

① 필터에 의한 대책
필터는 노이즈 발생 요인인 코일(L), 콘덴서(C), 저항(R)의 3요소를 단독 또는 조합해서 만드는 것으로 노이즈 대책에서 폭넓게 사용하고 있으며, 차폐·접지와 더불어 노이즈 대책의 3요소라 한다. 실제의 회로에서 장비경계 면에서의 전자파 대책은 필터에 의한 경우가 많다.

② 차폐·흡수에 의한 대책
장비 내부에서 발생하는 노이즈를 외함 밖으로 방사시키지 않음과 동시에 외부에서 침입하는 노이즈를 차단하기 위해서 외함 자체에서 노이즈를 차폐하는 것이다. 예전에는 차폐효과가 큰 금속제 외함이 많이 사용되어 전자파가 크게 문제되지 않았지만, 최근에는 소경량화·저렴화라는 시대적 요청에 따라 플라스틱 외함이 주류를 이루게 되어 전자파의 차폐 재료나 기술개발의 필요성이 대두되었다. 이 노이즈는 전원선에서 침입하는 전도노이즈와 공간을 전파하는 방사노이즈가 있으나 차폐가 가능한 노이즈는 방사노이즈이며, 저

주파 자계일 때는 자기 차폐, 즉 고투자율을 가지는 재료, 고주파 자계일 때는 도전율이 높은 재료가 효과적이다.

③ 접지에 의한 대책

전자파장해방지 즉 노이즈 방지용 접지는 그 목적상 인체위험방지를 위한 외함접지·노이즈방지를 위한 노이즈 대책 접지 및 신호접지 등 3가지가 있는데, 방법상 이들을 명확히 구분하기는 쉽지 않으나, 전문가의 의견을 들어 적합한 접지방식을 선정 시행하여야 한다.

④ 배선(wiring)에 의한 대책

배선에 의해 발생할 수 있는 전자파 장해는 주로 작동에너지가 작은 IC를 이용한 정밀장비이며, 이들 배선이 노이즈가 많은 장소에 포설될 경우 다음의 조치를 취하여야 한다.

- 전 요소 간의 배선 길이를 최소로 한다.
- 신호 출입을 위한 설비 간 배선은 직선적으로 하되 겹침배선은 금한다.
- 같은 용도의 전선을 끼리끼리 모은다.
- 큰 전기적 잡음원 부근의 배선은 금하되, 부득이한 경우에는 차폐를 충분히 한다.
- 유도장해를 저감시키기 위한 방법으로 동작 에너지별로 분류하여 배선한다.

나. 생체에 대한 대책

① 전자파 방호관리

전자파에 대한 생체 방호를 위해서는 무엇보다도 전자파 피폭에 따른 장해·재해로부터 실험자를 보호하기 위한 제도적이고 실제적인 조치가 마련되어야 한다.

- 피폭한계수준의 개발 및 규정화 그리고 준수 프로그램의 제도화
- 한계치 이상의 전자파를 방출할 수 있는 모든 시설 및 기기들에 대한 측정 조사
- 전자파 에너지의 안전사용에 관한 사용자를 위한 실무지침서의 작성
- 방사선의 피폭 주의 및 방호방법에 관한 실험자에 대한 교육실시
- 모든 전자파 관련 실험자에 대하여 안전실험을 위한 사업장 내 안전절차를 충분히 인지하도록 할 것
- 실험실에서의 제반 절차에서 개인보호구의 사용은 최후수단이어야 함

② 자외선의 방호관리

• 피폭시간의 제한

자외선의 강도에 따라 피폭시간을 다르게 제한하는 것으로, 예를 들면 태양자외선의 강도가 큰 경우에는 실험시간을 줄이는 것이다.

• 자외선의 흡수 및 차폐

자외선 흡수재를 사용하여 눈이나 피부에 닿는 자외선의 에너지를 제한하는 것은 장해를 방지하는 데 있어 매우 유효한 수단인데, 이에는 다음과 같은 것이 있다.

- 선스크린(Sunscreen)
- 선글래스(Sunglass)
- 모자(Hat)
- 보호의
- 그늘(Shade)
- 기타 자외선의 피폭 관리

③ 적외선과 가시광선의 피폭관리

• 망막의 열상 방지
• 청색광에의 만성조사로부터 망막의 광화학적 손상 방지
• 조사 시 수정체의 백내장 발생을 예방하기 위하여 한곗값 수립

그리고, 발열체에서 방사되는 적외선은 온도계로 측정하여 기준치를 넘지 않도록 관리하는 것이 중요하며, 적외선으로 인한 눈 장해를 방지하기 위해서는 차광보호구를 사용하고, 열사병은 모자 등을 착용하여 광선 등이 머리에 바로 쏘이지 않도록 한다.

④ 레이저(laser)의 방호관리

레이저의 피폭은 아주 위험하므로, 실험수칙이나 안전지침을 정하여 준수하게 하는 것이 중요하다.

• 레이저 방호의 기본원리
  - 레이저광의 세기를 최소화한다.
  - 레이저 광속(flux)의 통로를 짧게 하고 밀봉한다.
  - 레이저광에의 피폭이 일어날 수 있는 시간을 최소화한다.
  - 레이저 관련기기의 설계, 제작 및 사용할 때는 관련 규정을 엄격히 준수한다.
• 위 항의 안전관리규정에 포함되어야 할 사항은 다음과 같다.
  - 레이저원의 밀폐
  - 반사 가능 표면의 통제

- 레이저 사용장소의 연동장치(interlock) 설치
- 실수로 인한 작동을 방지하기 위한 페일세이프(fail-safe) 장치 구비
- 원격조정장치 사용
- Beam의 경로를 제한하기 위한 차폐물(baffle)의 설치
- 적절한 보안경과 방호복의 착용

• 근로자의 사후관리
  - 레이저의 실험자에 대하여는 신체검사를 포함한 특별한 건강관리프로그램을 마련 시행하여야 한다.

⑤ 오파(RF)의 방호를 위해서는 ①항에 의한 방호관리에 의하여야 한다.

⑥ 극저주파의 방호관리

극저주파(ELF)의 방호대책도 RF 전자파의 그것과 대체로 유사하다고 할 수 있다.

• ELF 방호대책의 일환으로 송·배전 방법의 개선, 즉 연가 실시
• 가공선로보다는 지중화 선로로 하여 전자파의 방사 감소
• 모든 전자파의 발생원으로부터 가급적 멀리 이격
• 실험용 전기기기의 사용 시, 일정한 거리 이상 이격시켜 사용하도록 유도(드라이어, 전기면도기, 전기담요, 전기요 등)
• 전력밀도가 높은 전기기기들의 사용 시 ELF 전자파 방호지침 수립 및 준수 지도

3 방사선 취급 시의 안전

방사선은 일종의 전자파로 물질에 작용하여 원자로부터 전자를 분리시켜 전하를 띤 이온을 생성할 수 있는 능력(전리작용)을 가진 전리전자파(X선, γ선과 같은 핵방사선 등)와 이 전리 능력이 없거나 약한 비전리성 전자파(전파, 광파 등)로 구분한다.

여기에서, 전자파(비전리 전자파)는 정밀장비를 오작동시킬 수 있을 뿐만 아니라(전자파 장해, EMI/EMC), 특정 전자파는 지나치게 많이 조사(照射)받을 경우에는 인체에 영향을 미칠 수 있는 것으로 보고되고 있으므로, 취급 시 주의하여야 한다.

특히, 여러 형태의 방사선(전리전자파)이 노출될 경우에는 사람에게 장기적으로 심각한 피해

를 줄 수 있다. 이 방사선은 방사성 동위원소, 레이져, X선발생기 및 플라즈마 램프 등을 사용할 때 발생할 수 있으므로, 이들 장비 및 사용되는 방사선의 취급에 대한 확실한 지식과 예방조치는 필수적이다.

가. 일반적 주의사항

방사선 등이라 함은 방사선·방사성 동위원소 및 방사성 발생장치·X선 및 그 발생장치 등을 말하며, 이의 안전사용을 위하여 필요한 주요 주의사항은 다음과 같다.

① 방사선 등의 시설을 설치하는 기관에는 안전관리책임자를 선임하여야 한다.
② 방사선 등을 취급하고자 하는 자는 등록하고, 이의 취급을 허가받아야 한다.
③ 방사선 등을 취급하는 지역은 관리구역으로 설정하여, 출입을 제한하여야 한다.
④ 방사선 등을 보관·운송·폐기하는 절차와 승인 관계를 수립·준수하여야 한다.
⑤ 관리구역 내외에서의 방사선량률, 입자속밀도, 방사선 등의 오염상황 등을 관계법령에 따라 측정, 관리하여야 한다.
⑥ 방사선 등의 장해방지를 위해 사용할 때 설비 및 이의 부대시설에 대한 보존상태 등을 정기적으로 점검하여야 한다.
⑦ 관리구역에 출입한 자에 대하여 피폭방사선량 및 방사성 동위원소에 의한 오염상황을 측정·기록하여 보관하여야 한다.
⑧ 방사선 취급자에게는 필요한 교육훈련계획을 수립·시행하여야 한다.
⑨ 방사선 취급자의 건강관리를 위한 건강진단(또는 보건지도)을 실시하고, 피폭우려가 있거나 피폭된 자에 대한 응급조치 등 필요한 사항을 수립·시행한다.
⑩ 방사선 등의 시설에 있어서 장해나 응급사항 등이 발생하거나 발생할 우려가 있을 경우를 대비한 위험시의 비상조치계획을 수립·시행하여야 한다.

나. 물질별 취급시 주의사항

(1) 밀봉되지 아니한 방사성 동위원소

밀봉되어 있지 않은 방사성 동위원소(이하 "비밀봉 RI"라고 한다)를 취급자가 사용할 때는 책임자 지시에 따라야 하며, 다음 각 항을 준수하여 인체가 받는 방사선량을 최소화하여야 한다.

① 방사선 등을 사용할 때는 사용목적에 따라 방사선 장해발생 위험성이 가장 적은 방사성 동위원소의 종류, 성질 및 사용 방법을 이용한다.

② 방사선 등의 폐기물은 실험실내에 방치하지 말고 즉시 소정의 폐기 용기에 넣어 폐기시킨다.

③ 방사선 등의 오염이 불가피하다고 판단되는 경우는 오염 및 오염확산 방지를 위해 다음 사항을 준수한다.

- 실험대의 표면은 비닐시트 등의 적당한 재질의 것으로 충분히 덮을 것
- 실험대는 수시로 물청소를 실시할 것
- 실험실은 항상 정리·정돈을 실시하고, 필요 이상의 측정기·기기류 등을 반입하지 않을 것
- 실험실에 입실할 경우는 전용의 작업복 또는 선발을 사용할 것
- 취급시에는 원칙적으로 고무장갑을 착용할 것
- 사용중에 수시로 손·작업복 등의 오염유무를 검사하여, 오염이 발견되었을 때는 즉시 제거하거나 탈의 등의 조치를 취할 것
- 실험실 내에서 식사 흡연·화장 등 방사성 동위원소를 체내에 흡입할 위험성이 있는 행위는 하지 말 것
- 방사성 동위원소를 공기중에 비산시키지 말 것
  단, 비산이 부득이한 작업의 경우 후드·국소배기장치 등 기타 환기장치를 사용하여 실험실 내 공기 중의 방사성 동위원소 농도를 최대 허용 농도 이하로 유지할 것
- 실험실에서 기기를 반출할 때는 표면오염 유무를 검사하여 최대허용 표면밀도의 1/10 이하임을 확인한 후에 반출할 것
- 실험실을 나갈 때는 신체 각 부분·의복·신발 등의 오염 유무를 검사하여, 최대 허용표면 밀도의 1/10 이하임을 확인할 것

④ 차폐용벽 또는 기타 차폐기물을 반드시 사용하고 단시간의 작업에서도 그 사용을 생략하지 말 것.

⑤ γ선 방사체 및 1미리큐리의 β선 방사체를 사용할 때는 특히 차폐를 충분히 할 것.

⑥ 경험이 적은 취급자는 단독으로 작업하지 않을 것

⑦ 견학자 등 실험에 관계없는 자의 실험실 출입은 가급적 제한할 것

⑧ 실험자는 개인 피폭선량계 또는 측정용 계기를 휴대하여 피폭선량을 측정하고, 이를 정하여진 용지에 기록하여 보관할 것

⑨ 방사성 동위원소가 다량 유출되었을 때, 또는 기타 방사선 장해를 받을 우려가 있는 예측치 못 한 사고가 발생하였을 때는 비밀리에 단독처리하지 말고 즉시 책임자 또는 같은 실험실의 취급자에게 통보하여 응급처치를 실시할 것

⑩ 관리부서의 장은 책임자의 조언에 따라 사고방지를 위해 비밀봉 RI의 사용 상황을 정기적으로 점검하여 그 결과를 기록할 것

(2) 밀봉된 방사성 동위원소의 사용

취급자가 밀봉된 방사성 동위원소(이하 "밀봉 RI"라고 한다)를 사용할 때는 관리구역으로 설정하여 철저히 관리하되, 특히 다음 사항을 엄수하여 인체 받는 방사선량을 최소화하도록 노력하여야 한다.

① 실험실은 항상 정리정돈하여, 필요 이상의 측정기·기구류 등의 반입을 금할 것

② 경험이 적은 취급자의 단독실험을 절대 금할 것

③ 견학자 등 시험실에 관여하지 않은 자의 실험실 내의 출입은 가급적 제한할 것

④ 실험자는 개인 피폭선량계 또는 측정 용구를 휴대하여 피폭선량을 측정하고 각자 정하여진 양식에 기록 보존할 것

⑤ 밀봉된 방사성 동위원소의 조사실험(照査實驗)을 할 때는 미리 조사실에 사람이 없는 것을 확인할 것

⑥ 조사 중에는 실험실의 출입구 또는 그 주위의 잘 보이는 곳에 "조사 중"이라는 표시를 부착할 것

⑦ 조사실에 들어갈 때는 책임자의 허가를 받은 다음에 반드시 안전을 확인하고 입실할 것

⑧ 조사실 또는 기계실에 들어갈 때는 책임자의 허가를 받을 것

⑨ 조사실 또는 조작실에 들어갈 때는 지정된 신발만을 착용할 것

(3) 밀봉RI 선원 장비기기의 사용

① 밀봉된 방사성 동위원소 중 기기에 정비되어져 있는 것(이하 "밀봉 RI 정비기기"라고 한다)을 사용할 때는 이 부근을 관리구역으로 설정하여 철저히 관리하고 별도의 밀봉 RI 전원 장비기기 취급지침을 정하여 운용하여야 한다.

② 관리부서의 장은 책임자의 조언에 따라 사용 중 또는 사용하지 않을 때의 부근의 공간선량률 분포를 측정하여, 그 결과를 게시하여야 한다.
③ 관리부서의 장은 기기의 종류, 장비되어 있는 방사성물질에 함유한 방사성 동위원소의 종류 및 수량을 개시하여야 한다.
④ 관리부서의 장은 책임자의 조언에 따라 사고 발생 방지를 위해 밀봉 RI 선원의 교환 때마다 또는 정기적으로 유출 여부를 감시하여 그 결과를 기록하여야 한다.

(4) 방사선 발생장치의 사용

취급자가 방사선 발생장치를 사용할 때는 관리구역으로 설정하여 철저히 관리하되 별도의 장치 사용지침을 정하여 운용하고, 또한 다음 사항을 준수하여야 한다.

① 경험이 적은 취급자의 단독 조작은 원칙적으로 금한다.
② 관련 규정에 따라 측정된 공간선량률 및 표면 오염밀도의 결과로 작업량을 조절하여 최대허용 피폭선량과 최대허용 직접선량을 초과하여 피폭되지 않도록 하여야 한다.
③ 휴대용 γ선용 선량계 또는 중성자용 선량계(필요 시)를 항시 착용하여 수시로 개인의 피폭선량을 측정하고 그 측정량을 기록·관리하여야 한다.
④ 실험실 또는 가속기실부터 장치·기구·비품 등을 반출하려고 할 때는 표면오염 유무를 감시하고 최대허용표면 밀도의 1/10 이하임을 확인한 후에 반출하여야 한다.
⑤ 실험 시에는 오염에 의한 위험을 방지하기 위해 전용 고무장갑을 착용한다.
⑥ 실험실이나 가속기실 내에 음료수나 기타 필요 이상의 측정기를 반입하여서는 안 된다.
⑦ 실험실 또는 가속기실 내에서 음식, 흡연 등을 하여서는 안 된다.
⑧ 실내는 방사성 오염방지를 위해 항상 깨끗이 청소를 실시하고, 실내의 기기 특히 가속실 내의 기기는 수시로 오염 여부를 확인한다.
⑨ 방사선 발생장치를 운전하고자 할 때는 운전하기 전에 출입구 앞에 "운전 중" 표시를 하고 운전정지 후에는 "운전정지 중"을 표시하여야 한다.
특히, 멀리 떨어진 곳으로부터 이 표시의 확인이 필요로 할 때는 필요한 장소에도 별도로 표시하여야 한다.
⑩ 운전 중에는 출입구를 자물쇠로 확실히 잠가서 출입을 금지시킨다.
⑪ 취급자 이외의 사람이 실험실 또는 가속기 실내를 출입할 때는 취급자는 안전에 필요한 사항을 운전 중은 물론 운전정지 중에도 주지시켜야 한다.

⑫ 운전정지 후에는 실내공기 및 장치의 오염을 적합한 방법으로 검사한 후 그 안전성을 확인하여야 한다.

⑬ 관리부서의 장은 책임자의 조언에 따라 사고방지를 위해 가속기 및 관련 설비 등을 수시 점검하여 점검 결과를 기록하여야 한다.

(5) X선 발생장치의 사용

① 취급자가 X선 발생장치 등을 사용지침에 따라 사용하여야 한다.

② X선 발생장치 등의 조작은 지정된 자 이외의 사람이 행하여서는 안 된다.

③ 관리부서의 장은 운전 중인 X선실의 지정된 장소를 출입금지 구역으로 하고, 그 장소를 표시하여야 한다. 단, 진찰용 X선 발생장치는 예외로 한다.

④ 관리부서의 장은 X선 발생장치의 정격출력을 명기한 표식을 해당장치의 부근에 게시하여야 한다.

⑤ 관리부서의 장은 X선 발생장치의 정격출력 시 관리구역 내외에서의 방사선량률을 측정하여, 그 결과를 게시하여야 한다.

⑥ 관리부서의 장은 X선 발생장치 등을 수시 점검·정비하여 그 결과를 기록하여야 한다.

CHAPTER

12

사고대응 분야

학습내용

1. 개요
2. 실험실에서 발생할 수 있는 사고의 유형
3. 사고 유형별 응급상황 시 대처요령
4. 응급처치의 개요
5. 응급상황별 조치사항
6. 기본 인명 구조술

1 개요

대학, 기업 및 국공립 출연 연구소 등 우리나라 전역의 수많은 실험실에서는 지금도 화학, 물리, 생물 등 많은 분야에 걸친 실험이 밤낮없이 이루어지고 있다. 이러한 실험은 각종 화학약품, 물리적 에너지, 동·식물 등의 실험 재료와 반응기, 농축기 등의 실험장비 등을 이용한 실험으로 실험 재료 및 장비 등이 있는 자체 위험성뿐만 아니라 화학적 반응, 세포배양 등의 실험 도중에 발생되는 많은 위험을 포함하고 있다. 그러나 대부분의 연구활동 종사자들은 이러한 위험들에 대해 거의 모르거나 알고 있음에도 촉박한 실험 일정과 안전불감증으로 인해 적절한 안전조치를 행하지 않고 실험을 하고 있는 것이 현실이다.

실험실 사고의 경우 대부분 실험장비 및 기기에 대한 사용자의 부주의, 취급물질 및 반응성에 대한 지식 부족, 실험조작 방법에 대한 미숙, 연구활동 종사자의 안전불감증 등의 인적요인과 실험장비 노후, 누전·합선 등 전기관련 문제점, 실험기기 등 파손, 장시간 사용에 의한 열화, 시약·가스 등의 누출, 반응폭주 등 물적 요인에 의해 발생되며, 이러한 사고가 발생할 경우 사망, 상해 등 인명피해와 폭발, 화재 등 물적 피해 발생으로 이어져 아까운 인명 및 연구 결과의 소실로 나타나는 경우가 대부분이다. 또한, 이러한 실험실 사고 발생 시 적절한 대처의 미흡은 사고를 더욱 크게 일으키는 원인이 되기도 한다. 여기서는 실험실 사고 발생 시 연구활동 종사자 개개인이 취해야 할 조치 및 대처요령에 대해 알아보고, 이를 통해 우리 실험실에서 사고 발생 시 피해를 최소화할 수 있는 방법은 어떠한 것이 있는지 설명하고자 한다.

2 실험실에서 발생할 수 있는 사고의 유형

(1) 화재

실험실에서 발생할 수 있는 화재는 주로 실험기기 과열, 누전·합선 등의 전기화재, 화학약품 등의 반응열에 의한 화재, 알코올램프 등 화원의 관리 부주의에 의한 화재 등으로 실험실 내 화재 발생 시 주변의 화학물질·가스 등에 의해 대형화재로 발전될 가능성을 내포하고 있으며,

그 피해는 실험실, 실험기기, 연구결과물 등의 손실로 이어질 뿐만 아니라, 아까운 인명의 손상 또한 초래할 수 있는 위험을 내포하고 있다.

(2) 급격한 물리·화학적 반응, 화재 등에 의한 폭발사고

실험 시 부가적으로 발생 될 수 있는 물리··화학적 반응폭주, 실험장비 조작 미숙, 인화성 물질에 의해 발생된 인화성 증기, 가연성·조연성 가스의 취급 부주의, 화재로 인한 2차 피해 등에 의해 폭발이 발생되며, 이러한 폭발은 실험실에서 발생할 수 있는 여러 사고 유형 중 대형 피해를 유발할 수 있는 사고이다.

(3) 화학약품, 폐기물, 가스 등의 누출

실험 시 사용하는 화학약품, 가스 등과 실험 후 발생되는 폐기물 등의 관리소홀로 발생되는 누출사고는 화재, 폭발, 중독 등 다른 사고 유형의 원인이 되며, 누출 자체로 인한 피해보다 누출로 인해 2차로 발생되는 사고에 의해 더욱 큰 피해를 유발할 수 있는 사고이다.

(4) 화학약품, 가스 등에 의한 중독(질식)

화학약품 및 가스 등의 특성을 파악하지 않고 위험에 대한 적절한 안전조치 없이 실험에 임할 경우 발생될 수 있는 사고의 유형으로 누출된 화학약품, 가스 등의 흡입에 의해 즉시 반응이 나타나는 급성중독과 오랜 기간 노출에 의해 나타나는 만성중독으로 나눌 수 있다.

(5) 실험실 내 이동, 중량물, 기기 등에 의한 전도·충돌·비래

실험실 등에서 넘어지는 사고를 전도라 하고, 복도 등에 비치된 물체 등과 부딪쳐서 발생되는 사고를 충돌이라 하며, 화학약품, 금속 파편 등의 튐으로 발생된 사고를 비래라 한다. 이러한 사고는 주로 바닥의 미끄러움, 황급한 이동, 복도 등의 물건 방치, 안전보호구 미착용 등에 의해 발생 된다고 볼 수 있다.

(6) 실험장비, 화학약품, 화재 등에 의한 화상·동상

건조기 등의 실험장비, 화학약품, 알코올램프 등의 화원 취급부주위 및 실험실 내 화재 등에 의해 크고 작은 화상이 발생되고 있으며, 액체질소 등의 취급부주의 등에 의해 동상 또한 발생되고 있다.

(7) 깨진 초자 사용 등에 의한 자상, 절상

삼각플라스크 등 실험 시 사용하는 초자를 깨진 상태로 사용하여 날카로운 것에 찔려 입은 상처인 자상과 끝이 예리한 물체에 의해 입는 상처인 절상 등의 사고가 발생되고 있다.

(8) 누전, 합선, 감전 등 전기관련 사고

실험실에서 사용하는 많은 실험장비는 전기를 사용하는 장비들이 대부분인데, 이러한 전기를 사용하는 실험장비 등의 관리 소홀로 인해 누전, 합선, 감전 등의 전기관련 사고가 발생되고 있으며, 이는 화재 등 다른 사고 유형의 원인이 되기도 한다.

3 사고 유형별 응급상황 시 대처요령

가. 화재, 폭발사고

(1) 평상시 숙지사항

화재, 폭발사고 예방을 위해 평상시 점화원 및 가연물에 대한 관리를 철저히 하여야 하며, 화재, 폭발사고 발생 시 신속한 대처를 위해 비상대피로, 화재·폭발사고 발생 시 대피장소, 비상연락처, 소화기·소화전 위치, 소화기·소화전 관리, 기타 사고대처용 장비의 정확한 위치 및 사용 방법에 대해 숙지하여야 한다.

(2) 사고전파

화재 등 사고 발생 시 우선 "불이야"라는 큰소리로 주변의 다른 실험실에서 실험 중인 사람들에게 사고 사실을 전파하여 대피를 유도하며, 안전주관 부서 및 소방서에 사고전파 시 사고장소에 대한 정확한 위치를 전달하여 발생된 사고에 대한 적절한 조치가 이루어질 수 있도록 한다.

(3) 초동진화

화재 등 사고 발생 시 주변의 위험요인을 확인하고 특별한 위험요인이 없다고 판단될 시에는 주변에 설치된 소화기·소화전 등을 이용한 초기진화를 실시한다.

(4) 화재 발생 시 대피요령

① 연기 속을 통과할 때는 최대한 자세를 낮추고 유해가스 흡입을 차단하기 위해 젖은 수건·헝겁 등을 이용하여 호흡기를 보호한다.
② 피난 시 당황하지 말고 대피하며, 출입문을 손으로 만져 뜨거울 경우 다른 출입구를 찾도록 한다.
③ 지상으로 대피가 어려울 때는 당황하지 말고 자신의 위치를 외부에 알리며 구조를 기다린다.
④ 대피 시 엘리베이터를 이용하지 말고, 계단을 이용해 지상으로 대피한다.
⑤ 지상으로 대피 시 미리 지정된 장소에서 대기한다.

(5) 긴급 반출 및 화재확산 방지

화재 등 사고 발생 시 주변의 위험요인을 확인하고 특별한 위험요인이 없다고 판단될 시에는 가스·전기 차단, 인화성물질 반출 등의 적절한 초동조치를 실시하여 화재·폭발사고의 확산을 방지하도록 한다.

나. 누출, 중독사고

(1) 평상시 숙지사항

평상시 누출, 중독 등의 사고가 발생되지 않도록 가스 등에 대한 점검, 관리를 철저히 하여야 하며, 누출 등 사고 발생 시 신속한 대처를 위해 비상대피로, 비상연락처, 안전장비 등에 대한 정확한 위치 및 사용방법을 숙지하고, 안전장비 등의 상시관리를 통해 사고 발생 시 즉각적인 대처가 가능하도록 하여야 한다.

(2) 사고전파

누출 등 사고 발생 시 우선 주변의 다른 실험실에서 실험 중인 사람들에게 사고 사실을 전파하여 대피를 유도하며, 안전주관 부서 등에 사고장소에 대한 정확한 위치를 전달하여 발생된 사고에 대한 적절한 조치가 이루어질 수 있도록 한다.

(3) 초동조치

누출 등 사고 발생 시 주변의 위험요인을 확인하고 특별한 위험요인이 없다고 판단될 시에는 주변에 설치된 안전장비 등을 이용한 초동조치를 실시한다.

① 안전보호구 착용

마스크, 보안면, 보안경, 보호의, 장갑, 신발 등 누출된 물질에 맞는 적절한 안전보호구를 착용한 후 누출사고가 발생한 장소에 진입하여 초동조치를 취할 수 있도록 한다. 부적절한 안전보호구 착용은 누출물질의 흡입, 흡착에 의해 보호구를 착용하지 않는 것보다 더 심각한 피해를 입을 수 있으므로 반드시 누출된 물질에 대한 보호 성능이 있는 보호구를 착용하여야 한다.

② 점화원 차단

가연성, 조연성 등의 물질 누출 시 화재, 폭발사고 등 2차적인 사고로 발전하는 것을 예방하기 위하여 누출사고 주변의 점화원을 차단한다. 점화원의 종류로는 나화(일반적인 불꽃), 정전기, 전기불꽃, 충격 마찰 스파크, 고온 표면, 복사열, 단열압축, 자연발화 등이 있다.

③ 누출물질 제거

가스 등 기체 누출의 경우 우선 보호구 착용자 이외 인원의 사고장소 출입을 통제하고 밸브 차단 등을 통하여 더 이상의 가스가 누출되는 것을 방지한다. 그리고 이미 누출된 가스에 대해 자연환기, 강제 배기 등 상황에 맞는 적절한 환기를 실시하여 누출된 가스가 제거 또는 희석될 수 있도록 한다. 단, 가연성가스의 경우 환기로 인한 연소한계 도달로 인한 화재·폭발사고가 발생할 수 있으므로 점화원 차단에 특히 주의하여야 한다.

화학약품, 폐액 등 액체 누출의 경우 기체 누출과 마찬가지로 우선 보호구 착용자 이외 인원의 사고장소 출입을 통제하고 용기에 잔류되어 있는 화학약품 등의 밀폐 폐기로 더 이상 약품 또는 폐액이 누출되는 것을 방지한다. 이때 주의할 점은 가연성, 유독성 증기 등이 발생할 수 있으므로 누출된 물질의 특성에 맞는 적절한 용기에 밀폐하여 폐기하여야 한다. 이미 누출된 화학약품에 대해서는 흡착포 등을 이용하여 액상의 물질을 제거하고, 화학약품 제거에 사용된 흡착포 또한 밀폐시켜 폐기하여야 하며, 가스누출 시와 마찬가지로 자연환기 등을 통해 발생된 가연성, 유독성 증기를 제거 또는 희석하여야 한다.

다. 기타 사고

(1) 평상시 이행사항

전도, 충돌 등 기타 사고를 예방하기 위해 평상시 실험실 및 복도 정리 정돈, 실험에 적합한 안전보호구 착용, 깨진 초자 등의 사용금지 및 실험장비에 대한 정기적인 점검 등을 실시하여야 한다.

(2) 사고전파

전도, 충돌 등 기타 사고 발생 시 우선 주변의 다른 실험실에서 실험 중인 사람들에게 사고 사실을 전파하여 부상자에 대한 안전한 응급조치가 이루어질 수 있도록 하고, 안전주관부서에 사고내용, 사고장소 등을 명확히 전달하여 전기 차단 등을 통한 2차 재해로 발전하는 것을 방지하여야 한다.

(3) 초동조치

① 전도·충돌·비래

우선 사고 기인물을 제거하여 2차적인 사고 발생을 예방하고, 부상자의 의식 여부 판단 등 상황에 맞는 응급조치를 실시하여 병원으로 신속히 이송하도록 한다. 이때 이송된 병원에서 사고자 치료 시 도움이 될 수 있도록 및 대략적인 사고경위(특히 화학물질로 인한 사고의 경우 사고 기인물인 화학물질의 종류 및 MSDS 파악)를 조사하여 담당 의사에게 전달하여야 한다.

② 화상

시약 등 화학물질에 의해 화상을 입은 경우 즉시 옷을 벗기고 우선 흐르는 깨끗한 물로 15~30분가량 환부의 화학물질을 제거한 후 물기를 거즈나 깨끗한 마른 수건으로 가볍게 닦아주고, 덮어주어 오염되지 않도록 한다. 물집이 생긴 경우는 가능한 터뜨리지 않도록 하는 것이 좋으며, 터진 물집이라도 벗겨내지 않도록 한다.

불에 덴 경우는 타고 있는 의복은 즉시 벗겨주며, 오물은 물에 깨끗이 씻어주도록 한다. 과산화수소, 알코올 등과 같은 자극성이 있는 소독약은 사용하지 않으며, 즉시 병원으로 후송하여 응급조치를 받도록 한다.

③ 동상

부분적으로 동상을 입었을 경우는 따뜻한 장소로 옮겨 옷을 느슨히 해주고 담요 등으로 싸서 전신을 보온해 준 다음 동상 부위를 40도쯤 되는 물에 담가 따뜻하게 해준다. 따뜻한 음료나 소량의 알코올(술)을 마시게 하면 통증 완화에 도움이 되지만 동상 부위를 뜨거운 물에 담그거나 불에 쬐는 것은 오히려 위험하다. 전신 동상일 경우에는 뺨을 때리는 등 잠들지 않게 하고 따뜻한 곳으로 옮겨 전신의 근육을 마사지하면서 천천히 보온해야 한다. 어느 경우든 최대한 신속히 병원으로 후송하여야 한다.

④ 찰과상, 절상, 자상 등 상처

상처 부위를 소독하고 출혈이 심한 경우 깨끗한 수건, 압박붕대 등으로 지혈한다. 부상자가 쇼크를 일으킬 수 있으므로 안전한 곳에 편히 쉴 수 있게 하고 상처가 깊은 경우 병원으로 즉시 후송하여 치료를 받을 수 있도록 한다.

⑤ 감전

감전 사고가 일어나면 먼저 전원을 차단하고 환자를 전원으로부터 떼어 내야 한다. 이때 구조자 자신이 감전되지 않으려면 건조한 고무나 가죽으로 만든 장갑과 신발을 착용하고 바닥에는 두꺼운 담요를 깔아서 몸을 통해 전류가 흐르지 않도록 해야 한다. 환자가 의식을 잃은 경우는 중추신경이 마비되어 맥박이나 호흡이 없을 수도 있으니, 체온이 내려가거나 사후경직이 없는 한 장시간 인공호흡을 해야 한다.

4 응급처치의 개요

응급처치란 다친 사람이나 급성질환자에게 사고 현장에서 즉시 조치를 취하는 것을 말한다. 이는 보다 나은 치료를 받기 전 일시적으로 도와주는 것일 뿐 아니라, 적절한 조치로 회복상태에 이르도록 하는 것을 포함한다. 예를 들어 위급 상황에서 전문적인 치료를 받을 수 있도록 119에 연락하는 것부터 부상이나 질병을 의학적 처치 없이도 회복될 수 있도록 도와주는 행위도 포함된다. 이러한 응급처치 결과에 따라 사람의 삶과 죽음이 좌우되기도 하며, 회복 기간이 단축되기도 한다. 응급처치는 일반적으로 타인에게 실시하는 것이지만 상대가 본인이나 가족인 경우 곧 자신을 위한 일이 된다. 이처럼 응급상황을 인지하고 상황에 맞는 적절한 응급처치를 할 줄 안다면 사고 시 소중한 인명을 보호할 수 있으므로 사고현장에 반드시 필요한 것이라 할 수 있다.

그러나, 문제는 응급상황을 인지하지 못하여 기본 증상조차 파악하지 못하는 경우가 생각보다 많다는 것이다. 예를 들면 심장마비 증세가 나타났는데도 이를 파악하지 못하고 시간을 허비하다 병원으로 옮겨지기도 한다. 또한 많은 사람이 응급처치 방법을 모르고 있으며 비록 교육을 통해 응급처치 방법을 아는 사람이라도 실제 응급상황에 접하게 되었을 때는 크게 당황하게 되는 것이 사실이다. 그러므로 평상시 응급처치 방법을 숙지하고 연습하는 것은 물론, 사고 시 침착하게 응급상황을 파악하여 적절한 조치를 취하는 것이 무엇보다 중요하다 할 수 있다.

응급처치는 일상생활에서 발생할 수 있는 1분 1초를 다투는 긴박한 상황에서 사용되는 하나의 "생명보험"이다. 잘 알려진 바와 같이 사람이 심장마비 후 4분 이내에 아무런 조치가 취해지지 않았을 때 그것은 곧 "죽음"을 의미한다고 할 수 있다. 이처럼 응급상황에 대처하는 처치자의 신속, 정확한 행동 여부에 따라 부상자의 삶과 죽음이 좌우되기도 한다. 물론 모든 질병과 상처에 응급처치가 필요한 것은 아니다. 평생 우리는 이러한 응급상황을 한 번도 겪지 않을 수도 있고, 고작 한두 번 겪을 수도 있다. 하지만 생명을 구하는 일이 무엇보다도 중요하고 소중하기에 응급처치 방법을 반드시 숙지하여야 할 것이다.

응급처치 시 다음과 같은 법적, 윤리적 문제에 대해 충분히 숙지하여야 한다.

(1) 동의

응급처치를 하기 전 처치자는 반드시 부상자로부터 사전 동의를 얻도록 한다. 허락이나 동의 없이 신체를 접촉하는 행위는 위법행위이며, 어떤 면에선 폭행으로 간주되어 법적 소송에 휘말릴 수 있다. 따라서 응급처치 전 반드시 부상자로부터 사전 동의를 얻도록 한다.

(2) 주변인 동의

부상자가 의식이 없는 경우 주변의 의식이 있는 사람의 동의를 얻어야 한다. 즉, 이성적인 결정을 내릴 수 있는 법적인 성인의 사전 동의를 얻어야 하고 주변인의 동의가 있을 때 응급처치를 실시하여야 한다. 또한 처치자는 응급처치 전 자신의 이름과 응급처치 교육을 받았음을 밝혀야 하며, 앞으로 실시할 응급처치에 대해 설명하여야 한다.

(3) 응급처치 시 일반적인 유의사항

응급처치 시 처치자는 다음과 같은 일반적인 사항에 유의하여야 한다.

① 자신(구조자, 처치자)의 안전을 최대한 확보하여야 한다.
② 응급상황에서는 주변에 신속하게 도움을 요청하여야 한다.
③ 절대 당황하지 말고 신속한 조치를 취하여야 한다.
④ 호흡, 또는 심장이 정지되거나 출혈이 심한 긴급환자를 우선 처치하여야 한다.

5 응급상황별 조치사항

가. 외출혈

출혈이란 용어는 일반적으로 단시간에 많은 양의 피가 흘러나오는 경우를 말하며, 개방성 상처에서 피가 날 때를 외출혈이라 한다. 외출혈의 종류는 동맥출혈, 정맥출혈, 모세혈관 출혈 세 가지로 구분된다.

(1) 동맥출혈

가장 심한 출혈의 형태로(상처로부터 상당한 높이로 피가 솟아오름) 피가 빠른 속도로 흘러나와 다량의 피를 잃게 되며, 응고도 거의 되지 않는다. 혈액이란 흐름이 느리거나 고여 있을 때만 응고되기 때문이다. 대동맥이 절단된 경우가 아니라면 지혈을 하기 전에 심한 출혈로 사망하는 경우는 드물지만, 동맥출혈은 매우 위험하며 출혈을 멈추게 하려면 반드시 외적 지혈법을 사용해야 한다.

(2) 정맥출혈

정맥으로부터 피가 계속 흘러나오거나 혹은 쏟아져 나오기도 하는데 동맥출혈에 비해 지혈이 쉽다. 정맥이 잘라진 경우 대부분 수축된다. 그러나 몸 안 깊숙이 자리잡은 정맥에서 출혈이 생기면 동맥출혈의 경우처럼 출혈량이 많고 지혈하기 힘들 수도 있다.

(3) 모세혈관 출혈

피가 모세혈관으로부터 조금씩 나오는 가장 흔히 볼 수 있는 출혈의 형태로 대개는 증세가 심각하지 않으며 지혈이 용이하고 자연적으로 응고하여 멈춘다.

나. 응급처치 방법

외출혈의 경우 출혈의 종류나 상처의 종류에 관계없이 가장 우선해 지열을 실시하여야 한다. 우선 부상자의 옷을 벗기거나 잘라서 상처 부위를 살피고, 감염으로부터 보호를 위해 의료용 장갑을 끼거나, 의료용 장갑이 없다면 몇 장 겹친 거즈, 깨끗한 비닐 랩, 비닐봉지 그밖에 방수되는 물질 등을 사용하여 부상자의 상처 부위를 압박하여 지혈을 유도하고, 병원 등 전문적인 치료를 받을 수 있는 곳으로 긴급히 후송하도록 한다.

(1) 내출혈

내출혈은 출혈이 눈에 보이지 않는 경우를 말하며, 일반적으로 외출혈에 비해 그 위험성이 높다고 할 수 있다. 내출혈의 원인은 외상으로 나타나기도 하지만 궤양, 고혈압 등과 같은 질병이 원인이 되어 나타날 수도 있다.

① 일반적인 내출혈 확인법
- 배가 아프거나, 만지면 통증을 느끼고 단단하며, 멍이 나타날 수도 있다.
- 피를 토하거나 기침을 할 때 피가 나온다.
- 대변이 검거나 선홍색 피가 섞여 있을 수 있다.

② 응급처치 방법
- 기도를 유지하고 호흡, 순환(맥박) 등의 이상 여부를 점검한다.
- 구토에 대비하여 구토물이 잘 배출되도록 왼쪽으로 돌려 눕히고, 구토 시 즉시 구토물을 제거하여 준다.
- 코트나 담요 등을 덮어 부상자의 체온 유지를 도와준다.

• 즉시 병원으로 이송하여 의사의 치료를 받도록 한다.

③ 주의(금지)사항

• 부상자에게 절대 먹을 것 등을 주지 않는다. 음식물을 섭취하면 메스꺼워지거나 구토를 일으킬 수 있으며, 음식물이 폐로 들어갈 우려가 있고 음식물을 먹고 수술할 경우 폐렴 등의 합병증을 일으킬 수 있으므로 절대 먹을 것 등을 주지 않도록 한다.

다. 쇼크

쇼크란 순환기 계통의 이상으로 전신적인 혈액순환이 저하되어 신체의 장기로 산소와 영양분 공급이 비정상적으로 이루어져 발생되는 현상을 말한다.

(1) 쇼크의 원인

① 심장성 쇼크

• 심장 손상으로 펌프의 역할을 할 수 없어 전신으로 충분한 혈액을 공급할 수 없는 경우

② 출혈성 쇼크

• 출혈 등으로 인해 많은 양의 혈액이 소실되어 혈액순환이 충분하지 못할 경우

③ 신경 및 정신성 쇼크

• 갑작스러운 혈관 확장으로 인해 혈액의 순환이 충분하지 못할 경우

(2) 일반적인 쇼크의 증상

① 환자가 불안감과 두려움을 호소하는 경우가 많다.

② 식은땀이 나는 것처럼 피부가 축축하고 대부분 차갑게 느껴진다.

③ 혈압 및 위장 운동이 저하되어 오심과 구토 증세를 보이기도 한다.

④ 산소가 부족하여 입술 주위가 새파란 청색증이 나타난다.

⑤ 불규칙하면서 빠른 호흡을 하며, 의식이 혼미해진다.

(3) 쇼크 환자를 눕히는 방법(주의사항)

① 일반적으로 다리를 20~30 cm 정도 올려 환자가 혈압을 유지할 수 있도록 도와준다.

② 뇌출혈 등이 의심되는 경우 다리가 아닌 환자의 머리 쪽을 약간 올려준다.
③ 구토하는 부상자는 등을 왼쪽으로 눕힌다.
④ 가슴부상 환자, 호흡장애환자, 심장환자 등은 반쯤 앉은 자세를 취하게 한다.
⑤ 목이나 척추 손상이 의심되거나 다리 골절 환자는 바닥에 수평으로 반듯하게 눕힌다.

(4) 쇼크 발생 시 확인사항

① 환자가 불안, 긴장, 초조감 등 의식 상태의 변화를 보이는지 여부
② 피부, 입술, 손톱이 창백하고 차가워지거나 축축해지는지 여부
③ 메스꺼움이나 구토를 호소하는지 여부
④ 환자가 의식이 있는지 여부

(5) 응급처치 방법

① 의식을 잃으면 혀의 근육이 이완되어 기도를 막을 수 있으므로 기도를 확보해 준다.
② 쇼크 상태에서는 체온조절 기능이 저하되므로 담요나 옷을 덮어주는 등 체온 손실을 막도록 한다.
③ 환자를 누운 상태로 유지하고 다리를 지면으로부터 20~30 cm 올려준다.
단, 호흡이 불편한 환자는 앉거나 기댄 자세를 유지하여 준다.
④ 출혈이나 골절이 있을 경우 지혈과 부목으로 고정시켜 준다.
⑤ 위장운동 저하로 구토할 수 있으므로 음료수 등 음식물 섭취를 금한다.
⑥ 즉시 가까운 병원으로 후송한다.

라. 상처

(1) 짓눌린 상처(타박상)

가장 단순한 폐쇄성 상처로 다리를 책상이나 의자에 부딪힌 경우에 발생하는 상처를 말한다. 피부 조직과 혈관에 손상이 가해지면서 피부 아래에서 출혈이 일어나 조직의 색깔이 처음에는 빨갛게 보이다가 검붉은색이나 자주색으로 변하는 증상이 나타난다. 단순한 타박상의 경우 특별한 의학적 치료가 필요하지 않고 상처 부위에 얼음팩으로 20분 정도 찜질해 주면 되지만 다음의 경우 119나 응급의료기관에 연락을 취하고 전문적인 치료를 받도록 해야 한다.

① 심각한 고통을 호소하거나 다친 부위를 움직일 수 없는 경우
② 심각한 부상을 입을 수 있을 정도로 상처 부위에 큰 힘이 가해진 경우
③ 부상당한 팔다리가 심각하게 파랗거나 창백한 경우

(2) 긁힌 상처(찰과상)

개방성 상처의 가장 일반적인 상태로 피부가 어떤 것에 의해 스쳤을 경우 발생한다. 찰과상의 경우 주로 모세혈관이 손상으로 상처 부위가 먼지나 세균에 의해 오염되지 않도록 깨끗이 씻어야 하며, 상처가 심한 경우 병원 치료를 받도록 한다. 이러한 상처는 말초신경을 자극하기 때문에 쓰라림 등의 고통을 수반한다.

(3) 베인 상처(절상)

주로 칼, 가위, 깨진 유리와 같이 날카로운 물체에 의해 피부가 손상되는 것을 말하며, 깊은 상처는 지방과 근육층, 신경, 혈관을 손상시킬 수 있다. 베인 상처의 경우 피가 많이 나거나 전혀 나지 않을 수 있으며, 상처 부위의 소독 등 적당한 처치를 하지 않으면 쉽게 감염될 수 있다.

(4) 찢겨진 상처(결출상)

피부조직의 일부분 또는 광범위한 부분이 찢어져서 생긴 상처이다. 때로는 신체 부분이 강한 힘에 의해 완전히 찢어질(절단) 수도 있다. 이러한 경우 조직 깊숙이 손상되므로 과다 출혈 등으로 인한 쇼크가 발생할 수 있으므로 유의하여야 한다.

(5) 찔린 상처(자상)

못과 같은 끝이 뾰족한 물건에 질려서 생긴 상처를 말한다. 찔린 상처는 혈관이 다치지 않는다면 출혈이 거의 발생되지 않으나, 피부 밑에 있는 연한 조직으로 들어간 이물질이 몸속 깊이 세균을 운반하여 감염을 유발할 수 있으므로 이물질의 제거 및 소독 등 적절한 응급처치 후 의사의 진찰을 받아 볼 수 있도록 한다.

(6) 상처에 대한 응급처치

① 상처 부위는 의료용 장갑 등 깨끗한 것을 이용하여 만지도록 한다.

② 옷을 벗기거나 잘라 상처 부위를 확인한 후 직접 압박 등 지혈이 필요한 경우 지혈을 실시한다.

③ 상처는 세척하여 감염을 예방하고 상처가 심할 경우 병원으로 후송한다.

(7) 상처 세척

① 비눗물로 손을 깨끗이 씻고 가능한 의료용 장갑 등을 사용한다.

② 상처를 씻는다.

- 가벼운 상처일 경우 마실 수 있는 깨끗한 물로 세척한다. 이때 고인 물이 아닌 흐르는 물에 직접 상처 부위를 대고 세척해야 한다.
- 감염성이 높은 상처(동물에게 물린 상처, 찔린 상처 등)일 경우 가능한 한 병원에서 상처를 세척하는 것이 좋다.

③ 세척으로 제거되지 않는 이물질은 핀셋 등으로 제거한다.

④ 소독은 가능한 달라붙지 않는 소독거즈로 드레싱하고, 간단한 상처인 경우 항생연고 등을 바르도록 한다.

⑤ 드레싱은 매일 한 번 갈아주고 젖거나 더러워지면 자주 갈아주도록 한다.

(8) 주의사항

① 상처가 심각하여 생명에 지장을 주는 경우 세척하지 말고 즉시 병원으로 후송하도록 한다.

② 상처로 인해 오한과 고열이 있는 경우 감염이 순환기까지 미친(패혈증) 것으로 의심할 수 있으므로 즉시 병원 진료를 받도록 한다.

마. 절단

(1) 절단 시 응급처치 방법

① 직접 압박이 가능한 경우 직접 압박으로 지혈을 실시하고 사지를 높게 올린다.

② 쇼크에 대비한다.

③ 절단 부위를 찾아 가능한 환자와 함께 후송한다.
④ 절단 부위는 깨끗한 흐르는 물에 세척하고(문지르지 않는다), 살균된 마른 거즈 등 깨끗한 천으로 감싸며, 비닐봉지 등 방수가 가능한 곳에 담아 얼음 위에 보관하여 병원으로 신속히 이송한다.
⑤ 즉시 가까운 병원으로 이송한다.

(2) 주의(금지)사항

① 절단 부위를 젖은 물질로 감쌀 경우 조직이 부드러워져 접합이 어려움으로 반드시 마른 거즈 등으로 감싸서 후송할 수 있도록 한다.
② 동상이 생긴 피부는 접합할 수 없으므로 절단 부위는 얼음 속이 아닌 얼음 위에 보관하여 후송하도록 한다.
③ 드라이아이스를 사용하지 않는다.

바. 구토

구토하는 사람이 의식이 있는 경우 가볍게 등을 두드려주며, 의식이 없는 경우 토사물에 의한 기도 막힘으로 질식할 우려가 있으므로 목을 옆으로 돌려주어야 한다. 구토의 원인은 여러 가지가 있는데 머리를 다친 후 구토를 한다면 뇌가 부어오르거나 뇌 속에 피가 고여 뇌압 상승에 의한 구토를 의심할 수 있으므로 즉시 병원으로 이송하여야 한다. 실험실에서 사용하는 시약 냄새로 인해 구토를 하는 경우 시약을 제거하고 주위를 환기시키며, 구토자를 신선한 공기가 있는 곳으로 이송하여 안정을 취하게 한다.

사. 마비

(1) 팔, 다리가 마비되는 경우

팔이나 다리에 힘이 없고 마비 증상이 있는 경우 뇌졸중이 원인인 경우가 많다. 특히 40대 이상의 혈압이 높은 사람에게 많이 발생하며 이런 증상이 있으면 즉시 병원으로 가야 한다. 뇌졸중이 아닌 경우 다른 원인에 의해 척추신경의 손상 및 혈액 내 전해질 불균형으로 마비가 오는 경우도 있으므로 이 경우 역시 즉시 병원에서 치료를 받아야 한다.

(2) 얼굴이 마비되는 경우

얼굴 마비는 흔히 안면마비라 하며, 한방에서는 구안와사라고 부르는데 여러 가지 원인에 의해 발생될 수 있다. 누구나 얼굴마비 증상이 발생할 수 있으며 특히 25~30세의 젊은 사람들이 잘 걸린다. 얼굴마비 증상이 발생되면 가장 먼저 눈을 보호해야 하는데 마비로 인해 눈이 잘 감기지 않아 각막에 염증이 생길 수 있으므로 눈이 건조하지 않게 주의하여야 한다.

아. 이물질 삽입

(1) 눈에 이물질이 들어간 경우

콘텍트렌즈의 착용 여부를 확인하고 착용하고 있다면 우선 제거한다. 가벼운 이물질의 경우 눈 안쪽에서 바깥쪽으로 흐르는 깨끗한 물로 15~20분 정도 씻어내고 안구에 금속 등의 이물질이 박힌 경우 제거 등을 시도하지 말고 이물질이 움직이지 않도록 고정하여 즉시 병원으로 이송한다. 이물질이 들어간 눈은 절대 비벼서는 안 된다.

(2) 귀에 이물질이 들어간 경우

함부로 귓속을 후비지 말고 이물질이 들어간 쪽 귀를 아래로 향하게 하여 이물질이 빠져나올 수 있도록 한다. 동그란 이물질은 제거하기가 어려우므로 즉시 병원으로 이송하며 귀속에 물을 넣어서는 안 된다.

(3) 코에 이물질이 들어간 경우

이물질을 빼내기 위해 코를 후비게 되면 이물질이 더 깊숙이 들어가서 후두를 폐쇄시켜 더욱 위험하다. 이물질이 들어간 경우 반대쪽 콧구멍을 막고 코를 풀면 이물질이 빠질 수 있으며 빠지지 않는 경우 병원으로 이송하여 제거하도록 한다.

6 기본 인명구조술

가. 심폐소생술

호흡이 정지되거나 심장이 멈추는 경우 4~6분 이내에 심폐소생술이 시행되지 않으면 환자의 생존 가능성은 매우 낮아지므로, 호흡정지 등의 환자가 발생한 경우 즉시 심폐소생술을 실시하여야 한다.

(1) 심폐소생술 과정

① 환자에게 접근

② 환자의 의식 확인

쓰러진 사람을 발견하면 말을 걸고 반응을 살핀다.

③ 구조요청

의식이 없으면 119에 신고하고 주변에 사람이 있다면 대신 신고를 부탁한다.

④ 기도유지

의식이 없는 환자의 경우 혀가 이완되어 기도록 막는 경우가 있는데 이는 질식으로 이어져 위험한 상황을 초래할 수 있다. 따라서 모든 응급상황에서 가장 우선되어야 하는 응급처치가 기도유지이다. 기도유지 방법은 다음과 같다.

- 두부후굴법 : 기도확보의 가장 기본이며 환자의 이마에 한 손을 대고 머리를 뒤로 후굴시키는 방법으로 목 부분이 신장되어 혀가 앞으로 움직이므로 기도가 열리게 된다.
- 하악거상법 : 두부후굴법으로도 기도가 확보되지 않으면 나머지 한 손으로 환자의 턱을 들어주는 방법이다. 이때 턱 하부의 연골조직을 누르면 오히려 기도가 폐쇄될 수 있으므로 주의하여야 한다.
- 하악전굴법 : 경추손상이 의심되는 환자는 머리를 후굴시키지 않고 턱을 전방으로 밀어주고 입을 벌림으로써 기도를 유지하는 이 방법을 많이 사용한다.

⑤ 호흡 확인

기도를 유지한 상태에서 눈으로 가슴의 움직임을 관찰하고 호흡이 있는지 귀와 촉감 등을 이용하여 호흡 유무를 3~5초 이내에 확인한다.

⑥ 인공호흡

호흡 확인 결과 환자의 호흡이 없을 때는 즉각 인공호흡을 시작한다. 실시 방법은 환자의 코나 입을 막고 1~2초 동안 공기를 서서히 불어 넣으며, 종류는 다음과 같다.

- 구강 대 구강 : 구강 대 구강 인공호흡법은 응급상황에서 실시되는 가장 빠르고 간단하며 효과적인 방법이다. 인공호흡 시행 시 인공 치아 (틀니)는 인공호흡에 장애가 되는 경우를 제외하고 제거하지 않는 것이 좋다. 헐렁하게 끼워져 있는 틀니라도 부상자의 입 모양을 유지시켜 주는 데 도움을 주기 때문이다.
- 구강 대 비강 : 입으로 숨을 불어 넣을 수 없는 경우(이를 꽉 물어 입을 벌릴 수 없을 때, 입 주위가 심하게 다쳤을 때 등) 사용하는 인공호흡법으로 한 손으로 부상자의 턱끝을 들어 올리면서 입을 막고 코로 숨을 불어 넣은 다음 부상자의 폐에서 공기가 나가는 데 방해가 되지 않도록 부상자의 입을 벌린다.

⑦ 맥박 확인

목의 양측에 있는 경동맥을 손으로 만져 10초 이내에 맥박의 유무를 확인한다. 맥박이 뛰는 경우 인공호흡만 계속하고 1분마다 맥박을 다시 체크하며 맥박이 뛰지 않거나 확실치 않은 경우 흉부압박을 실시한다.

⑧ 흉부 압박

흉골의 하부 1/2에 한 손을 올리고 그 위에 다른 손을 겹친 상태로 깍지껴 손가락이 흉벽에 닿지 않도록 하고 팔꿈치를 곧게 펴 어깨와 손목이 팔과 일직선이 되게 한 다음 흉골 위에 수직으로 체중을 실어 4~5 cm 정도 압박한다. 이때 압박 속도는 1분에 100회 정도로 한다.

나. 붕대

(1) 붕대의 사용 목적

① 개방성 상처를 덮은 드레싱을 고정한다.

② 드레싱 위로 직접 압박을 하여 지혈한다.

③ 부종을 막거나 억제한다.

④ 사지나 관절을 고정하거나 지지한다.

⑤ 붕대는 깨끗한 것을 사용하지만 반드시 소독할 필요는 없다.

(2) 붕대 사용 시 주의점

① 상처에 직접 붕대를 하지 않는다.

② 붕대는 시간이 지나면 늘어나는 경향이 있으므로 이점을 고려하여 상처에 댄 드레싱이 떨어질 만큼 느슨하게 붕대를 매지 않는다.

③ 붕대 끝이 풀어질 수 있으므로 붕대 사용 후 마감처리를 확실히 한다.

④ 부상자의 목 주위에는 붕대를 하지 않는다.

⑤ 붕대를 감을 때 상처 부위의 아래쪽에서 위쪽으로 감아 올라간다.

⑥ 붕대를 너무 조여 혈액순환에 장애가 되지 않게 한다. 만약 맥박이 느껴지지 않으면 붕대를 느슨하게 맨다. 붕대를 꽉 조일 때 나타나는 증상은 다음과 같다.

- 손톱이나 발톱에 푸른 기가 감돈다.
- 피부가 파래지거나 창백해진다.
- 감각이 없어지거나 저린다.
- 팔다리가 차가워진다.
- 손가락이나 발가락을 움직일 수가 없다.

다. 드레싱

드레싱을 하는 이유는 지혈, 감염과 오염방지, 혈액과 상처 부위의 분비물 흡수 및 상처가 악화되지 않도록 보호하는 역할을 한다.

(1) 드레싱 종류의 선정

드레싱은 개방형 상처 위어 덮기 때문에 상처에 직접 닿게 되므로 다음과 같은 기준으로 선정한다.

① 소독된 것, 소독된 드레싱이 없다면 깨끗한 천을 사용한다.

② 상처보다 큰 것

③ 두껍고 부드러우며 누를 수 있어서 상처 위로 압력이 고르게 퍼지는 것

④ 흡착성 있는 드레싱을 사용한다.

(2) 드레싱 처치 시 주의사항

① 처치자는 가능한 깨끗한 물로 손을 씻는다.

② 상처 부위를 모두 덮을 수 있을 만큼 큰 드레싱을 사용한다.

③ 상처나 상처에 닿는 부분의 드레싱이 손에 직접 닿지 않도록 하여 오염을 예방한다.

부록

1. 연구실 안전현황표
2. 연구개발활동별 유해인자 위험분석 보고서
3. 연구개발활동안전분석(R&DSA)보고서
4. 사전유해인자위험분석 보고서 관리 대장
5. 정기점검·특별안전점검 실시 내용
6. 유해인자 취급 및 관리대장
7. 정기점검, 특별안전점검 및 정밀안전진단 실시 결과보고서
8. 연구실 안전등급 평가기준

1 연구실 안전현황표

■ 연구실 사전유해인자위험분석 실시에 관한 지침 [별지 제1호서식]

연구실 안전현황표[1)]

(보존기간 : 연구종료일부터 3년)

<table>
<tr><td>기관명</td><td colspan="2"></td><td>구 분</td><td colspan="2">□ 대 학
□ 기업부설(연)</td><td>□ 연구 기관
□ 기 타</td></tr>
<tr><td rowspan="5">연구실
개요</td><td colspan="2">연구실명[2)]</td><td colspan="4"></td></tr>
<tr><td colspan="2">연구실 위치</td><td colspan="4">동 층 호</td></tr>
<tr><td colspan="2">연구 분야
(복수선택 가능)</td><td colspan="2">□ 화 학 / 화 공
□ 기 계 / 물 리
□ 전 기 / 전 자
□ 의 학 / 생 물</td><td colspan="2">□ 건 축 / 환 경
□ 에너지 / 자 원
□ 기 타</td></tr>
<tr><td colspan="2">연구실책임자명</td><td></td><td>연락처 (e-mail 포함)</td><td colspan="2"></td></tr>
<tr><td colspan="2">연구실안전관리
담당자명</td><td></td><td>연락처 (e-mail 포함)</td><td colspan="2"></td></tr>
<tr><td colspan="3">비상연락처[3)]</td><td colspan="4">연구실안전환경관리자 : 병원 :
사고처리기관(소방서 등) : 기타 :</td></tr>
<tr><td colspan="3">연구실 수행 연구활동명[4)]
(실험/연구과제명)</td><td colspan="4">1.
2.
⋮</td></tr>
<tr><td rowspan="5">연구활동종사자
현황</td><td colspan="2">연 번</td><td>이 름 (성별 표시)</td><td colspan="3">직 위[5)] (교수/연구원/학생 등)</td></tr>
<tr><td colspan="2"></td><td></td><td colspan="3"></td></tr>
<tr><td colspan="2"></td><td></td><td colspan="3"></td></tr>
<tr><td colspan="2"></td><td></td><td colspan="3"></td></tr>
<tr><td colspan="2"></td><td></td><td colspan="3"></td></tr>
<tr><td rowspan="5">주요
기자재
현황</td><td colspan="2">연 번</td><td>기자재명
(연구기구 · 기계 · 장비)</td><td>규 격 (수량)</td><td>활용 용도</td><td>비 고</td></tr>
<tr><td colspan="2"></td><td></td><td></td><td></td><td></td></tr>
<tr><td colspan="2"></td><td></td><td></td><td></td><td></td></tr>
<tr><td colspan="2"></td><td></td><td></td><td></td><td></td></tr>
<tr><td colspan="2"></td><td></td><td></td><td></td><td></td></tr>
</table>

2 연구활동별 유해인자 위험분석 보고서

■ 연구실 사전유해인자위험분석 실시에 관한 지침 [별지 제2호서식]

연구활동별(실험·실습/연구과제별) 유해인자 위험분석 보고서[1]

(보존기간 : 연구종료일부터 3년)

연구명 (실험·실습/연구과제명)		연구기간 (실험·실습/연구과제)	
연구(실험 · 실습/연구과제) 주요 내용			
연구활동종사자[2]			

유해인자	유해인자 기본정보[3]					
1) 화학물질	CAS NO[4] 물질명	보유수량 (제조연도)	GHS등급[5] (위험, 경고)	화학물질의 유별 및 성질[6](1~6류)	위험 분석	필요 보호구[7]
	①					
	②					
	③					
2) 가스	가스명	보유 수량		가스종류(특정, 독성, 가연 성, 고압, 액화 및 압축 등)	위험 분석	필요 보호구[7]
	①					
	②					
	③					
3) 생물체[8] (고위험병원체 및 제3,4위험군)	생물체명	고위험병원체 해당여부		위험군 분류	위험 분석	필요 보호구[7]
	①					
	②					
	③					
4) 물리적 유해인자[9]	기구명	유해인자종류		크기[10]	위험 분석	필요 보호구[7]
	①					
	②					
	③					

1) 연구실내에서 수행하는 모든 실험(실험·실습, 연구과제 포함)에 대하여 각각 작성
2) 해당 연구활동을 수행하는 연구활동종사자의 이름을 작성. 단, 학부 실험 등 대규모 인원이 실험을 수행 또는 참여하는 경우 연구활동종사자 인원수 및 실험 시간만 작성
3) 해당 연구활동에서 사용하는 화학물질, 가스, 생물체, 물리적 유해인자 등을 작성
4) CAS No.(Chemical Abstract Service Resister Number, 화학물질에 부여된 고유번호)는 제조 · 공급업체에서 제공하는 정보를 참고하여 작성
5) 「화학물질의 분류 및 표시 등에 관한 규정」을 참고하여 GHS그림문자 및 신호어(위험, 경고 등)를 작성
6) 화학물질의 유별 및 성질
   ※ 「위험물안전관리법」 시행령 별표1(위험물 및 지정수량)을 따라 화학물질의 유별(1류~6류) 및 성질(산화성고체, 가연성고체, 자연발화성물질 및 금수성물질 등)을 구분하여 작성

화학물질의 유별 및 성질						
유별	제1류	제2류	제3류	제4류	제5류	제6류
성질	산화성고체	가연성고체	자연발화성물질 및 물 반응성 물질	인화성액체	자기 반응성물질	산화성액체

7) 필요보호구는 '연구실 안전현황 분석표(별지 제1호서식)'에서 작성한 개인보호구 현황을 참고하여 작성
8) 생물체란 미생물 및 동물 등을 포함하는 명칭으로 유전자변형생물체 등을 모두 포함한다.
   ※ 서식에 작성 시 제3,4위험군의 경우 고위험 병원체를 제외한 위험군만 작성
   ※ 고위험병원체란 생물테러의 목적으로 이용되거나 사고 등에 의하여 외부에 유출될 경우 국민 건강에 심각한 위험을 초래할 수 있는 감염병병원체로서「감염병의 예방 및 관리에 관한 법률」시행규칙 별표1과 같다.
   ※ 생물체의 위험군 분류는 인체 및 환경에 미치는 위해 정도에 따라 다음의 네가지 위험군으로 분류하며, 위험군별 해당 생물체 목록은 「유전자재조합실험지침」별표2와 같다.

위험군 분류	분류 기준
제1위험군	연구활동종사자에게 질병을 일으키지 아니하며, 환경에 방출되더라도 위해를 일으키지 않는 생물체
제2위험군	연구활동종사자에게 감염되었을 경우 증세가 심각하지 않고 예방 또는 치료가 용이하며, 환경에 방출되더라도 위해가 경미하고 치유가 용이한 생물체
제3위험군	연구활동종사자에게 감염되었을 경우 증세가 심각할 수 있으나 예방 또는 치료가 가능하며, 환경에 방출되었을 경우 위해가 상당할 수 있으나 치유가 가능한 생물체
제4위험군	연구활동종사자에게 감염되었을 경우 증세가 매우 치명적이고 예방 또는 치료가 어려우며, 환경에 방출되었을 경우 위해가 막대하고 치유가 곤란한 생물체

9) 물리적 유해인자
   ※ 산업안전보건법 시행규칙 제81조제1항 별표11의2(소음, 진동, 방사선, 이상기압, 이상기온의 기준)
   - 소음 : 소음성난청을 유발할 수 있는 85데시벨(A) 이상의 시끄러운 소리

- 진동 : 착암기, 핸드 해머 등의 공구를 사용함으로써 발생되는 백립병 · 레이노 현상 · 말초순환장애 등의 국소진동 및 차량 등을 이용함으로써 발생되는 관절통 · 디스크 · 소화장애 등의 전신 진동
- 방사선 : 직접 · 간접으로 공기 또는 세포를 전리하는 능력을 가진 알파선 · 베타선 · 감마선 · 엑스선 · 중성자선 등의 전자선
- 이상기압 : 게이지 압력이 제곱센티미터당 1킬로그램 초과 또는 미만인 기압
- 이상기온 : 고열 · 한랭 · 다습으로 인하여 열사병 · 동상 · 피부질환 등을 일으킬 수 있는 기온
- 분진 : 대기 중에 부유하거나 비산강하(飛散降下)하는 미세한 고체상의 입자상 물질

※ 전기, 레이저, 위험기계 · 기구(산업안전보건법 시행령 제28조의 6(안전검사 대상 유해 · 위험기계 등) 12종, 조립에 의한 기계 · 기구(설비 및 장비 포함) 등도 물리적 유해인자에 포함

10) 물리적 유해인자에 대한 측정값 또는 제품 인증서 또는 설명서에 기재되어 있는 물리적 인자값 작성

3 연구개발안전활동안전분석(R&DSA)보고서

■ 연구실 사전유해인자위험분석 실시에 관한 지침 [별지 제3호서식]

연구개발활동안전분석(R&DSA) 보고서

(보존기간 : 연구종료일부터 3년)

연구목적 :

순서	연구 · 실험 절차	위험분석	안전계획	비상조치계획
1				
2				
3				
4				
5				
6				
7				
8				
9				
10				

4 사전유해인자위험분석 보고서 관리 대장

■ 연구실 사전유해인자위험분석 실시에 관한 지침 [별지 제4호서식]

사전유해인자위험분석 보고서 관리대장

(보존기간 : 연구종료일부터 3년)

문서 번호	접수일	연구실명	연구실책임자		연구활동명 (연구기간)	주요변경사항*	조치 내용** (조치 완료일)
			성명	직위			

* 사전유해인자위험분석 보고서중 변경사항에 대하여 간략하게 작성

** 사전유해인자위험분석 결과 중 개선이 필요한 사항에 대하여 개선이 실시되었는지 여부에 대하여 작성

- 개선사항을 간단히 작성
- 개선이 완료되었을 경우 완료날짜를 괄호를 이용하여 작성

5 정기점검·특별안전점검 실시 내용

정기점검 · 특별안전점검 실시 내용(제7조제2항 및 제8조제2항 관련)

안전분야	점검항목		양호	주의	불량	해당없음
일반안전	A	연구실 내 취침, 취사, 취식, 흡연 행위 여부	☐	NA	☐	☐
		연구실 내 건축물 훼손상태(천장파손, 누수, 창문파손 등)	☐	☐	☐	☐
		사고발생 비상대응 방안(매뉴얼, 비상연락망, 보고체계 등) 수립 및 게시 여부	☐	☐	NA	☐
	B	연구(실험)공간과 사무공간 분리 여부	☐	☐	☐	☐
		연구실 내 정리정돈 및 청결상태 여부	☐	☐	NA	☐
		연구실 일상점검 실시 여부	☐	☐	☐	☐
		연구실책임자 등 연구활동종사자의 안전교육 이수 여부	☐	☐	☐	☐
		연구실 안전관리규정 비치 또는 게시 여부	☐	☐	NA	☐
		연구실 사전유해인자위험분석 실시 및 보고서 게시 여부	☐	☐	NA	☐
		유해인자 취급 및 관리대장 작성 및 비치·게시 여부	☐	☐	NA	☐
		기타 일반안전 분야 위험 요소	☐	☐	☐	☐
기계안전	A	위험기계·기구별 적정 안전방호장치 또는 안전덮개 설치 여부	☐	NA	☐	☐
		위험기계·기구의 법적 안전검사 실시 여부	☐	NA	☐	☐
	B	연구 기기 또는 장비 관리 여부	☐	☐	NA	☐
		기계·기구 또는 설비별 작업안전수칙(주의사항, 작동매뉴얼 등) 부착 여부	☐	☐	NA	☐
		위험기계·기구 주변 울타리 설치 및 안전구획 표시 여부	☐	NA	☐	☐
		연구실 내 자동화설비 기계·기구에 대한 이중 안전장치 마련 여부	☐	☐	NA	☐
		연구실 내 위험기계·기구에 대한 동력차단장치 또는 비상정지장치 설치 여부	☐	☐	☐	☐
		연구실 내 자체 제작 장비에 대한 안전관리 수칙·표지 마련 여부	☐	☐	NA	☐

안전분야		점검항목	양호	주의	불량	해당없음
	A	위험기계·기구별 법적 안전인증 및 자율안전확인신고 제품 사용 여부	☐	NA	☐	☐
		기타 기계안전 분야 위험 요소	☐	☐	☐	☐
전기안전	A	대용량기기(정격 소비 전력 3kW 이상)의 단독회로 구성 여부	☐	NA	☐	☐
		전기 기계·기구 등의 전기충전부 감전방지 조치(폐쇄형 외함구조, 방호망, 절연덮개 등) 여부	☐	☐	☐	☐
		과전류 또는 누전에 따른 재해를 방지하기 위한 과전류차단장치 및 누전차단기 설치·관리 여부	☐	☐	☐	☐
		절연피복이 손상되거나 노후된 배선(이동전선 포함) 사용 여부	☐	☐	☐	☐
	B	바닥에 있는 (이동)전선 몰드처리 여부	☐	☐	☐	☐
		접지형 콘센트 및 정격전류 초과 사용(문어발식 콘센트 등) 여부	☐	☐	NA	☐
		전기기계·기구의 적합한 곳(금속제 외함, 충전될 우려가 있는 비충전금속체 등)에 접지 실시 여부	☐	NA	☐	☐
		전기기계·기구(전선, 충전부 포함)의 열화, 노후 및 손상 여부	☐	☐	☐	☐
		분전반 내 각 회로별 명칭(또는 내부도면) 기재 여부	☐	☐	☐	☐
		분전반 적정 관리여부(도어개폐, 적치물, 경고표지 부착 등)	☐	☐	☐	☐
		개수대 등 수분발생지역 주변 방수조치(방우형 콘센트 설치 등) 여부	☐	☐	☐	☐
		연구실 내 불필요 전열기 비치 및 사용 여부	☐	☐	☐	☐
		콘센트 등 방폭을 위한 적절한 설치 또는 방폭전기설비 설치 적정성	☐	☐	☐	☐
		기타 전기안전 분야 위험 요소	☐	☐	☐	☐
화공안전	A	시약병 경고표지(물질명, GHS, 주의사항, 조제일자, 조제자명 등) 부착 여부	☐	☐	☐	☐
		폐액용기 성상별 분류 및 안전라벨 부착·표시 여부	☐	☐	☐	☐
		폐액 보관장소 및 용기 보관상태(관리상태, 보관량 등) 적정성	☐	☐	☐	☐
	B	대상 화학물질의 모든 MSDS(GHS) 게시·비치 여부	☐	☐	☐	☐
		사고대비물질, CMR물질, 특별관리물질 파악 및 관리 여부	☐	NA	☐	☐
		화학물질 보관용기(시약병 등) 성상별 분류 보관 여부	☐	☐	☐	☐

안전 분야		점검항목	양호	주의	불량	해당 없음
	B	시약선반 및 시약장의 시약 전도방지 조치 여부	□	□	NA	□
		시약 적정기간 보관 및 용기 파손, 부식 등 관리 여부	□	□	□	□
		휘발성, 인화성, 독성, 부식성 화학물질 등 취급 화학물질의 특성에 적합한 시약장 확보 여부(전용캐비닛 사용 여부)	□	□	□	□
		유해화학물질 보관 시약장 잠금장치, 작동성능 유지 등 관리 여부	□	□	□	□
		기타 화공안전 분야 위험 요소	□	□	□	□
유해화학물질취급시설검사항목	B	화학물질 배관의 강도 및 두께 적절성 여부	□	□	NA	□
		화학물질 밸브 등의 개폐방향을 색채 또는 기타 방법으로 표시 여부	□	□	NA	□
		화학물질 제조·사용설비에 안전장치 설치여부(과압방지장치 등)	□	□	NA	□
		화학물질 취급 시 해당 물질의 성질에 맞는 온도, 압력 등 유지 여부	□	□	NA	□
		화학물질 가열·건조설비의 경우 간접가열구조 여부(단, 직접 불을 사용하지 않는 구조, 안전한 장소설치, 화재방지설비 설치의 경우 제외)	□	□	NA	□
		화학물질 취급설비에 정전기 제거 유효성 여부(접지에 의한 방법 ,상대습도 70%이상하는 방법, 공기 이온화하는 방법)	□	□	NA	□
		화학물질 취급시설에 피뢰침 설치 여부 (단, 취급시설 주위에 안전상 지장 없는 경우 제외)	□	□	NA	□
		가연성 화학물질 취급시설과 화기취급시설 8m이상 우회거리 확보 여부 (단, 안전조치를 취하고 있는 경우 제외)	□	□	NA	□
		화학물질 취급 또는 저장설비의 연결부 이상 유무의 주기적 확인(1회/주 이상)	□	□	NA	□
		소량기준 이상 화학물질을 취급하는 시설에 누출시 감지·경보할 수 있는 설비 설치 여부(CCTV 등)	□	□	NA	□
		화학물질 취급 중 비상시 응급장비 및 개인보호구 비치 여부	□	□	NA	□
소방안전	A	취급물질별 적정(적응성 있는) 소화설비·소화기 비치 여부 및 관리 상태(외관 및 지시압력계, 안전핀 봉인상태, 설치 위치 등)	□	□	□	□
		비상 시 피난가능한 대피로(비상구, 피난동선 등) 확보 여부	□	NA	□	□
		유도등(유도표지) 설치·점등 및 시야 방해 여부	□	□	□	□
	B	비상대피 안내정보 제공 여부	□	□	□	□
		적합한(적응성)감지기(열, 연기) 설치 및 정기적 점검 여부	□	NA	□	□
		스프링클러 외형 상태 및 헤드의 살수분포구역 내 방해물 설치 여부	□	NA	□	□

안전분야		점검항목	양호	주의	불량	해당없음
		적정 가스소화설비 방출표시등 설치 및 관리 여부	□	NA	□	□
		화재발신기 외형 변형, 손상, 부식 여부	□	□	NA	□
		소화전 관리상태(호스 보관상태, 내·외부 장애물 적재, 위치표시 및 사용요령 표지판 부착 여부 등)	□	□	□	□
		기타 소방안전 분야 위험 요소	□	□	□	□
가스안전	A	용기, 배관, 조정기 및 밸브 등의 가스 누출 확인	□	NA	□	□
		적정 가스누출감지·경보장치 설치 및 관리 여부(가연성, 독성 등)	□	NA	□	□
		가연성·조연성·독성 가스 혼재 보관 여부	□	NA	□	□
	B	가스용기 보관 위치 적정 여부(직사광선, 고온주변 등)	□	NA	□	□
		가스용기 충전기한 경과 여부	□	□	□	□
		미사용 가스용기 보관 여부	□	□	NA	□
		가스용기 고정(체인, 스트랩, 보관대 등) 여부	□	NA	□	□
		가스용기 밸브 보호캡 설치 여부	□	□	NA	□
		가스배관에 명칭, 압력, 흐름방향 등 기입 여부	□	□	NA	□
		가스배관 및 부속품 부식 여부	□	NA	□	□
		미사용 가스배관 방치 및 가스배관 말단부 막음 조치 상태	□	NA	□	□
		가스배관 충격방지 보호덮개 설치 여부	□	□	□	□
		LPG 및 도시가스시설에 가스누출 자동차단장치 설치 여부	□	NA	□	□
		화염을 사용하는 가연성가스(LPG 및 아세틸렌 등)용기 및 분기관 등에 역화방지장치 부착 여부	□	NA	□	□
		특정고압가스 사용 시 전용 가스실린더 캐비닛 설치 여부 (특정고압가스 사용 신고 등 확인)	□	NA	□	□
		독성가스 중화제독 장치 설치 및 작동상태 확인	□	NA	□	□
		고압가스 제조 및 취급 등의 승인 또는 허가 관련 기록 유지·관리	□	□	□	□
		기타 가스안전 분야 위험 요소	□	□	□	□
산업위생	A	개인보호구 적정수량 보유·비치 및 관리 여부	□	□	□	□
		후드, 국소배기장치 등 배기·환기설비의 설치 및 관리(제어풍속 유지 등) 여부	□	□	□	□
		화학물질(부식성, 발암성, 피부자극성, 피부흡수가 가능한 물질 등) 누출에 대비한 세척장비(세안기, 샤워설비) 설치·관리 여부	□	□	□	□

안전분야		점검항목	양호	주의	불량	해당없음
	B	연구실 출입구 등에 안전보건표지 부착 여부	☐	☐	☐	☐
		연구특성에 맞는 적정 조도수준 유지 여부	☐	☐	NA	☐
		연구실 내 또는 비상 시 접근 가능한 곳에 구급약품(외상조치약, 붕대 등) 구비 여부	☐	☐	☐	☐
		실험복 보관장소(또는 보관함) 설치 여부	☐	☐	☐	☐
		연구자 위생을 위한 세척·소독기(비누, 소독용 알코올 등) 비치 여부	☐	☐	NA	☐
		연구실 실내 소음 및 진동에 대한 대비책 마련 여부	☐	☐	NA	☐
		노출도 평가 적정 실시 여부	☐	☐	☐	☐
		기타 산업위생 분야 위험 요소	☐	☐	☐	☐
생물안전	A	생물활성 제거를 위한 장치(고온/고압멸균기 등) 설치 및 관리 여부	☐	☐	☐	☐
		의료폐기물 전용 용기 비치·관리 및 일반폐기물과 혼재 여부	☐	☐	☐	☐
		생물체(LMO, 동물, 식물, 미생물 등) 및 조직, 세포, 혈액 등의 보관 관리 상태(적정 보관용기 사용 여부, 보관용기 상태, 생물위해표시, 보관기록 유지 여부 등)	☐	☐	☐	☐
	B	연구실 출입문 앞에 생물안전시설 표지 부착 여부	☐	☐	☐	☐
		연구실 내 에어로졸 발생 최소화 방안 마련 여부	☐	☐	NA	☐
		곤충이나 설치류에 대한 관리방안 마련 여부	☐	☐	☐	☐
		생물안전작업대(BSC) 관리 여부	☐	☐	NA	☐
		동물실험구역과 일반실험구역의 분리 여부	☐	☐	☐	☐
		동물사육설비 설치 및 관리상태(적정 케이지 사용 여부 및 배기덕트 관리상태 등)	☐	☐	☐	☐
		고위험 생물체(LMO 및 병원균 등) 보관장소 잠금장치 여부	☐	NA	☐	☐
		병원체 누출 등 생물 사고에 대한 상황별 SOP 마련 및 바이오스필키트(Biological spill kit) 비치 여부	☐	☐	NA	☐
		생물체(LMO 등) 취급 연구시설의 설치·운영 신고 또는 허가 관련 기록 유지·관리 여부	☐	☐	☐	☐
		기타 생물안전 분야 위험 요소	☐	☐	☐	☐

6 유해인자 취급 및 관리대장

유해인자 취급 및 관리대장(제13조제4항 관련)

- 연구실명 :
- 작성일자 : 년 월 일
- 작 성 자 : (인)
- 연구실책임자 : (인)

연번	물질명 (장비명)	CAS No. (사양)	보유량 (보유대수)	보관장소	유해 · 위험성 분류		대상여부	
					물리적 위험성	건강 및 환경 유해성	정밀 안전 진단	작업 환경 측정
1	(작성례) 벤젠	71-43-2 (액상)	700mL	시약장-1		 	O	O
2	(작성례) 아세틸렌	74-86-2 (기상)	200mL	밀폐형시약장 -3	 		O	X
3	(작성례) 원심분리기	MaxRPM : 8,000	1EA	실험대1	고속회전에 따른 사용주의(시료 균형 확보 등)	-	-	-
4	(작성례) 인화점측정기	Measuring Range (80℃ to 400℃)	1EA	실험대2	Propane Gas 이용에 따른 화재 및 폭발 주의	-	-	-
5	⋮		⋮	⋮	⋮	⋮	⋮	
6								
7								

비고

- 물질명/Cas No : 연구실 내 사용, 보관하고 있는 유해인자(화학물질, 연구장비, 안전설비 등)에 대해 작성(단, 화학물질과 연구장비(설비) 등은 별도로 작성 · 관리 가능)
- 보유량 : 보관 또는 사용하고 있는 유해인자에 대한 보유량 작성(단위기입)
- 물질보관장소 : 저장 또는 보관하고 있는 화학물질의 장소 작성
- 유해 · 위험성분류 : 화학물질은 MSDS를 확인하여 작성(MSDS상 2번 유해 · 위험성 분류 및 「화학물질 분류 · 표시 및 물질안전보건자료에 관한 기준」별표 1 참고)하고, 장비는 취급상 유의사항 등을 기재
- 대상여부 : 화학물질별 법령에서 정한 관리대상 여부(연구실안전법 시행령 제11조 정밀안전진단 대상 물질 여부, 산업안전보건법 시행규칙 별표 21 작업환경측정 대상 유해인자 여부)

※ 연구실책임자의 필요에 따라 양식 변경 가능(단, 제13조제3항에서 규정하고 있는 물질명(장비명), 보관장소, 보유량, 취급상 유의사항, 그 밖에 연구실책임자가 필요하다고 판단하는 사항은 반드시 포함할 것)

7 정기점검 및 정밀안전진단 실시 결과보고서

정기점검, 특별안전점검 및 정밀안전진단 실시 결과보고서 작성 내용(제15조 관련)

제1장 점검·진단 개요

1. 점검·진단 배경 및 목적
2. 기관 정보 및 대상 연구실 현황
3. 추진일정 및 기술인력·장비 투입현황(점검·진단인력 서명 포함)
4. 점검·진단 방법
5. 점검·진단 내용 및 범위

제2장 안전관리 현황

1. 안전관리 조직 및 규정
2. 안전교육 실시
3. 안전관련 예산
4. 연구실 유해인자(위험기계·기구, 화학물질 등)
5. 안전관리 미비사항(전년도 점검·진단 지적사항)에 대한 개선 현황
6. 사고현황, 사고 발생 시 대책 및 후속 조치

제3장 점검 및 진단 실시 결과

1. 점검·진단 결과 평가 등급
   가. 평가등급 기준
   나. 평가등급 분석
   다. 연구실별 평가등급 현황
   라. 점검·진단 장비를 사용한 측정값
2. 분야별 주요지적(점검·진단 사항)
   가. 일반안전
   나. 기계안전
   다. 전기안전
   라. 화공안전
   마. 소방안전
   바. 가스안전
   사. 산업위생
   아. 생물안전
   자. 유해인자별 노출도평가의 적정성(특별안전점검·진단에 한함)
   차. 유해인자별 취급 및 관리의 적정성(특별안전점검·진단에 한함)
   카. 연구실 사전유해인자위험분석의 적정성(특별안전점검·진단에 한함)

제4장 결론 및 개선대책

1. 결론
2. 개선대책

8 연구실 안전등급 평가기준

연구실 안전등급 평가기준(제16조제2항 관련)

1. 연구실 안전환경 상태에 따른 연구실 안전등급은 아래 표와 같다.

등급	연구실 안전환경 상태
1	연구실 안전환경에 문제가 없고 안전성이 유지된 상태
2	연구실 안전환경 및 연구시설에 결함이 일부 발견되었으나, 안전에 크게 영향을 미치지 않으며 개선이 필요한 상태
3	연구실 안전환경 또는 연구시설에 결함이 발견되어 안전환경 개선이 필요한 상태
4	연구실 안전환경 또는 연구시설에 결함이 심하게 발생하여 사용에 제한을 가하여야 하는 상태
5	연구실 안전환경 또는 연구시설의 심각한 결함이 발생하여 안전상 사고발생위험이 커서 즉시 사용을 금지하고 개선해야 하는 상태

2. 제1호에 따른 연구실 안전등급은 아래의 절차에 따라 산정한다.

가. 별표 3에 따라 정기점검, 특별안전점검 및 정밀안전진단 실시

나. 별표 3의 각 안전분야별 A 점검항목을 평가하고 아래표에 따라 1차 등급 산정

주의 / 불량	0개	1개	2개	3개	4개
0개	1등급	2등급	3등급	4등급	5등급
1개	2등급	3등급	4등급	5등급	
2개	2등급	3등급	5등급		
3개	3등급	4등급			
4개	4등급				

다. 각 안전분야별 B 점검항목에 대한 평가를 아래표에 따라 실시하고 나목의 1차 등급산정 결과와 합산

주의 \ 불량	0개	1개	2개	3개	4개 이상
0개	+0등급	+0등급	+1등급	+1등급	+2등급
1개	+0등급	+0등급	+1등급	+1등급	+2등급
2개	+0등급	+1등급	+1등급	+2등급	+2등급
3개	+0등급	+1등급	+1등급	+2등급	+2등급
4개	+1등급	+1등급	+2등급	+2등급	+3등급
5개	+1등급	+2등급	+2등급	+3등급	+3등급
6개	+1등급	+2등급	+2등급	+3등급	+3등급
7개 이상	+2등급	+2등급	+3등급	+3등급	+4등급

라. 분야별 안전등급 중 등급이 가장 높은 분야의 안전등급을 해당 연구실의 최종 안전등급으로 산정. 다만, 해당 연구실의 최종 안전등급은 아래의 상황을 고려하여 조정 가능

1) 정기점검 및 특별안전점검을 실시한 자는 해당 연구실의 안전관리 상태 등을 고려하여 최대 안전등급 ±1등급 이내에서 안전등급 조정 가능. 단, 조정 근거(사유) 명시

2) 정밀안전진단을 실시한 자는 해당 연구실의 유해인자별 노출도평가, 유해인자 취급·관리 현황, 사전유해인자위험성분석 결과 등을 고려하여 최대 안전등급 ±1등급 이내에서 안전등급 조정 가능. 단, 조정 근거(사유) 명시

참고 및 인용된 문헌

(사)수도권연구안전센터, 사전유해인자위험분석 보고서 작성 가이드북(ver. 2), 2018
KAIST, 연구실 가스안전 매뉴얼, 신진기획, 2017.
고려대학교 안전관리팀, 사전유해인자위험분석 보고서 작성 매뉴얼
과학기술부(정책연구 2002-2 별책), 표준연구실안전, 2006.
과학기술정보통신부, 연구실 설치·운영 가이드라인, 2017.
과학기술정보통신부, 연구실 안전환경 조성에 관한 법률(시행 2022.6.10)
과학기술정보통신부고시 제2019-89호, 연구실 안전점검 및 정밀안전진단에 관한 지침
국가법령정보센터 산업안전보건법
국가연구안전관리본부, 국가연구안전정보시스템-연구실안전관리 홈페이지
국가연구안전관리본부, 연구실책임자를 위한 안전관리 실무, 2023
국가연구안전정보시스템 https : //www.labs.go.kr/modedg/contentsView.do
국과과학기술인력개발원, 실험 전·후 안전 Ⅰ, 2015.
김진준, 연구실 안전교육 표준교재 가스 안전, 종합제책사, 2019.
박기동 외, 독성가스 이론과 실무, 유비온, 2014.
세안설비 등의 성능 및 설치에 관한 기술지침 (KOSHA Guide D-44-2016)
수도권 연구실안전관리자 협의회, 연구실 안전관리자 실무집, 2009.
실험실 안전보건에 관한 기술지침 (KOSHA GUIDE G-82-2018)
실험실 연구원 직업건강 가이드라인(2016, 한국산업안전보건공단)
안전보건공단 산업안전보건교육원, 연구실험실 안전, 2020.
안전보건공단, 「생물안전 1,2등급 실험실 안전보건에 관한 기술지침」, W-3-2021, 2011.
안전보건공단, 「실험실 안전보건에 관한 기술 지침」, G-82-2018, 2018.
안전보건공단, 「화학물질을 사용하는 실험실 내의 작업 및 설비안전 지침」, P-76-2011 2011.
안전보건공단, 세안설비 등의 성능 및 설치에 관한 기술지침(D-44-2016)
안전보건공단, 실험실 안전보건에 관한 기술지침(G-82-2018)
연구실 설치·운영 기준 이행안내서 (22년 10월, 국가연구안전관리본부)
연구실 안전관리사 학습가이드 (22년 4월, 국가연구안전관리본부, 한국생산성본부)
연구실 안전환경 조성에 관한 법령집 (22년 7월, 국가연구안전관리본부)
연구실 책임자를 위한 안전관리 실무 (23년 1월, 국가연구안전관리본부)
이공계생을 위한 실험실 안전 길잡이, 아주대학교 출판부, 2023
이수경 외, 최신 가스안전공학, 동화기술, 2009.
한국가스안전공사, 특정고압가스 사용의 시설·시설·검사 기준, 2021.
한국과학기술연구원, 연구실안전보건지침서, 2006.
한국산업안전보건공단 홈페이지 https : //www.kosha.or.kr/kosha/index.do
한국화학연구원, 미래창조과학부, 실험실 안전 실전 가이드, 2014.

| 저자 소개 |

• 이근원

아주대학교 환경안전공학과 교수, 공학박사

한국가스학회 회장

한국연구실안전전문가협의회 부회장

과학기술정보통신부 연구실사고조사/우수연구실 인증심사 위원

(전) 대덕연구단지안전협의회 회장

(전) 안전보건공단 산업안전보건연구원 소장

저서 및 역서

화학공정안전(동화기술, 2020)

화학공정 시설에서 방화 가이드라인(아주대 출판부, 2021)

화학안전환경 입문(지우북스, 2024)

• 정승호

아주대학교 환경안전공학과 교수, 공학박사

한국가스학회/한국위험물학회 편집장

(전) Air Products & Chemicals Inc., Principal Engineer(미국, Allentown)

저서 및 역서

화학물질안전개론(청송, 2020)

화학공정 시설에서 방화 가이드라인(아주대 출판부, 2021)

화학안전환경 입문(지우북스, 2024)

실험실 안전 길잡이

1판 1쇄 발행 2024년 1월 10일

공저자 이근원 · 정승호
발행인 서철종
발행처 도서출판 지우북스
주소 경기도 파주시 문발로 115 세종출판벤처타운 209호
전화 031-915-6670(代)
팩스 031-915-6671
이메일 jwbooks@nate.com
홈페이지 www.jwbooks.co.kr
출판등록 제406-251002017-000032호
ISBN 979-11-92639-17-8 93530

정가 20,000원